牛津大学
终极昆虫图鉴

[英] 列文·比斯（Levon Biss） 著　|　王建赟　译

江苏凤凰科学技术出版社

南京

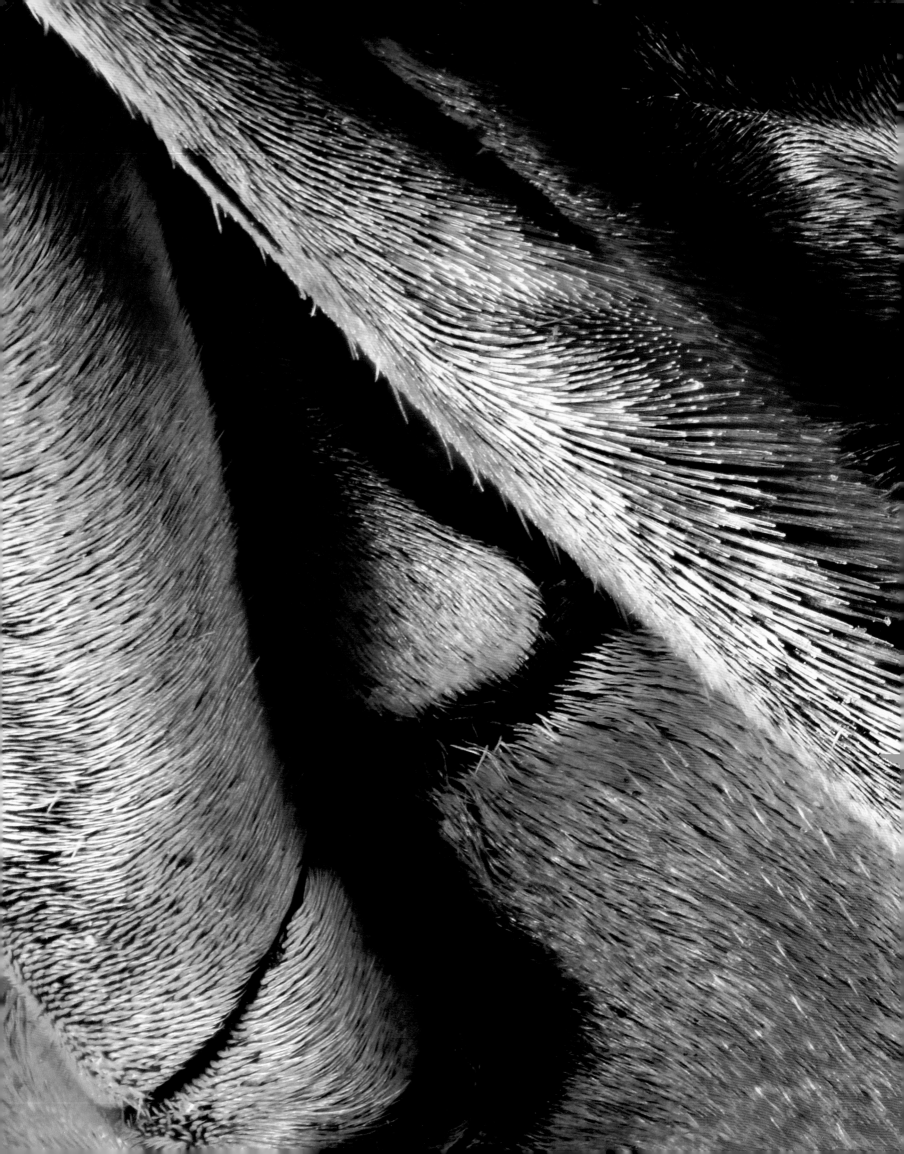

MICROSCULPTURE
PORTRAITS OF INSECTS

目录

前 言

昆虫是地球生物圈的重要一环。它们几乎无处不在——你总能在暖暖的日子里见到勤劳的蜜蜂，也一定见过不知疲倦在觅食的蚂蚁……然而它们过着的生活却总被我们忽视。比如，昆虫作为食物链的一部分，参与了营养物质大循环，是很多其他体型较大动物的食物来源。假如没有昆虫，将会导致很多类型的生态系统坍塌，人类社会也将无法存续。

昆虫生活在一个比我们小得多的微观世界中。在它们那个迷你小天地里，隐藏着我们有限的视野中无法分辨的生命律动。这些微小的生命活动现象如今几乎已是自然常识，然而在光学影像镜头和显微镜尚未诞生的过去，这一切都是未知。1665 年，罗伯特·胡克（Robert Hooke）在他的《显微图志》中首次将日常细碎的物品以前所未有的放大倍率细致地展现给世人，引起了相当大的轰动。其中，最引人注目和具有代表性的图片是一些昆虫及其错综复杂的内部解剖插图。

《显微图志》畅销以后，科学绘图就成为生物学描述和记录自然的必备技能和表述工具，而如今先进的数码照片技术又为我们提供了令人兴奋的新可能。在这本《牛津大学终极昆虫图鉴》中，列文·比斯（Levon Biss）使用独创的摄影技法，以巨大的画幅和惊人的分辨率为昆虫拍摄了精美的肖像。

用超显微摄影技术给昆虫拍摄照片当然不是什么新鲜事——扫描电子显微镜拍出的照片，细节丰度能轻松超越目前所有的相机，然而电镜照片看上去都很刻板呆滞，黑白灰的画面，也毫无美学上的考量。

本书中的昆虫种类是从牛津大学自然史博物馆馆藏的至少 500 万枚标本中精挑细选出来的。像这样的每一枚标本藏品，都是一座物种多样性信息的巨大数据库，这在高速变化的当今社会甚为珍贵。通常这些馆藏标本是被珍藏起来的，其大多数标本既不起眼又脆弱不堪，因此也不适合向公众展出。但在这里的半亩方塘中，我们将向大家打开一扇窗，窥觑一下这繁华和奇妙的物种世界。入选本书的标本来自全球各地，有的采自英格兰的一处后庭花园，也有的采自位于南极洲附近的一座偏远小岛；有些标本已历经 150 多年的沧桑，也有些是新近的收藏——这里需要特别提到的是一枚由查尔斯·达尔文（Charles Darwin）本人在小猎犬号航行期间采集的标本。这些标本很好地展现了昆虫类群丰富的多样性：各具别致风格的外形，纷繁复杂的体色，还有他们体表的细节特征。在我们眼里，昆虫的体表无非就是质感光滑一些，往往平淡无奇，但通过列文的摄影技艺，您在本书中将会看到远不止这些。在高倍显微放大后，昆虫的体表好像经过了精加工改造：耸立的山脊、凹陷的深坑、密密麻麻的刻点顿时映入眼帘，时常还会覆盖着些像绒毛和鳞片般的其他微小结构。

这些微小的结构应该对应多种不同的用途。昆虫体表的特化结构赋予其特殊的物理性状，可具备防水性，减少摩擦，或是反射光线。精细特化的体毛结构可以使昆虫携带花粉颗粒，或在光滑如镜的表面攀爬，或是感知气流的细微变化。像蝴蝶、蛾子、甲虫以及其他昆虫可能会被细小的鳞片覆盖，在我们眼中不过是小小一粒尘埃的这些鳞片，但却赋予了昆虫伪装、隔热等功能，

还有一些类型的鳞片能反射、散射光线，创造出自然界中最鲜明和生动的色彩。

可是，很多情况下，对于这样微小结构的具体功能，我们是不甚清楚的。如本书中所涉及的步甲种类中，多数的全身都具有极细密的网纹状微观结构，外观呈现出磨砂或绸缎质感。这种纹理变化似乎与这些步甲种类的分布地有某种关联：来自湿润地带的种类多具有横纹，而栖息在荒漠盐碱地环境中的种类则有略微隆凸的纹路。目前认为这种纹络能减少摩擦或是具有疏水的功能，又或者有助于减少昆虫体表的泥垢附着。

就算我们无法将这些古怪玲珑的微观构造探究得一清二楚，但大致可以猜测这应是一种对自然的适应，属于自然选择和生物演化的结果。这本书告诉我们，对这些结构的研究，其实不仅仅是在钻研学术，还能实践应用于新型高效材料的仿生研发。尽管本书中有一大堆讲解剖学和生理功能方面知识的理论，但并不代表这只是一本科学照片的图册。列文的摄影技术带来的照片有令人惊叹的深度和美感。他巧妙地运用光影制造出别样的情调和氛围：背景光细化了特征性的结构，强光穿过标本半透明的外骨骼，晕出一片暖暖的琥珀色调。列文将一件件沉寂的藏品重新注入了活力，看起来真令人赏心悦目。

这些照片的诞生是对大自然与摄影艺术的致敬，同时也为我们展示了如何让科学与艺术结合起来，谱写新的篇章！

詹姆斯·霍根
牛津大学自然史博物馆 昆虫馆馆长

步甲

疑步甲（*Carabus elysii*）

（鞘翅目 Coleoptera，步甲科 Carabidae）

　　大步甲属（*Carabus*）的步甲是一类让人着迷的昆虫。它们那虹彩光泽和不规则突纹，有着最优质的光学镜头也无法诠释的美。然而这般绚丽的色泽并不是色素着色，而是由光线在其体表的特殊层状结构产生干涉、衍射等现象形成的物理色。这种结构甚至可以保存在化石中，千百万年以后色彩依旧。不过这类甲虫是夜行性的，白天几乎不见其踪影，因此步甲鲜亮的体色到底有什么功能依然是个谜题。

标本来源：中国

猎蝽

猎蝽科的一种猎蝽

（半翅目 Hemiptera，猎蝽科 Reduviidae）

　　猎蝽是高效的捕食者，多以其他节肢动物为食，昆虫尤在其食谱前列。这个类群的体型较为多样，有些体表会长有夸张的变异结构，比如齿状的边缘或长刺。猎蝽中有一些类群（如锥猎蝽）特化成为吸血昆虫，也是传播查加斯病的媒介昆虫。这类会吸食哺乳动物血液的猎蝽也被称为"接吻毒虫"，它们总喜欢去叮咬熟睡中人们的嘴唇。

标本来源：玻利维亚

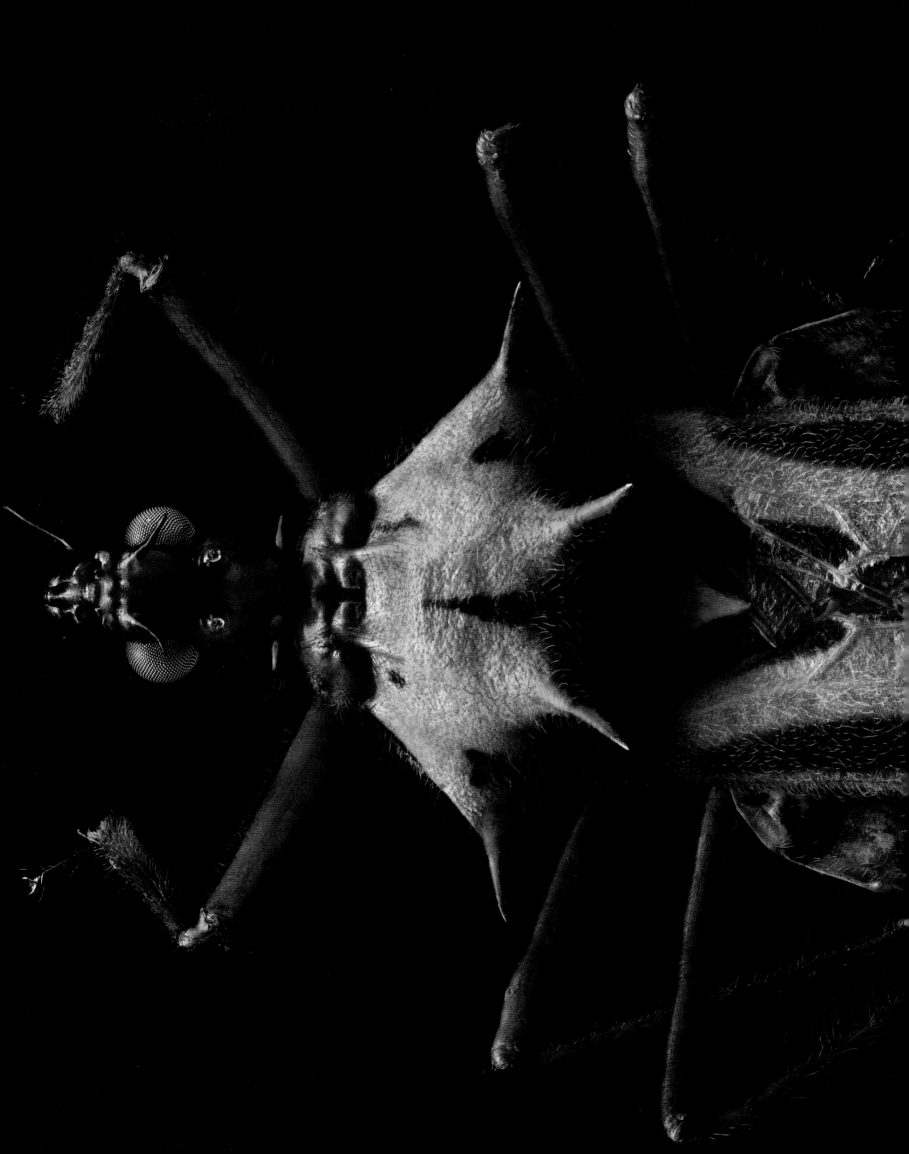

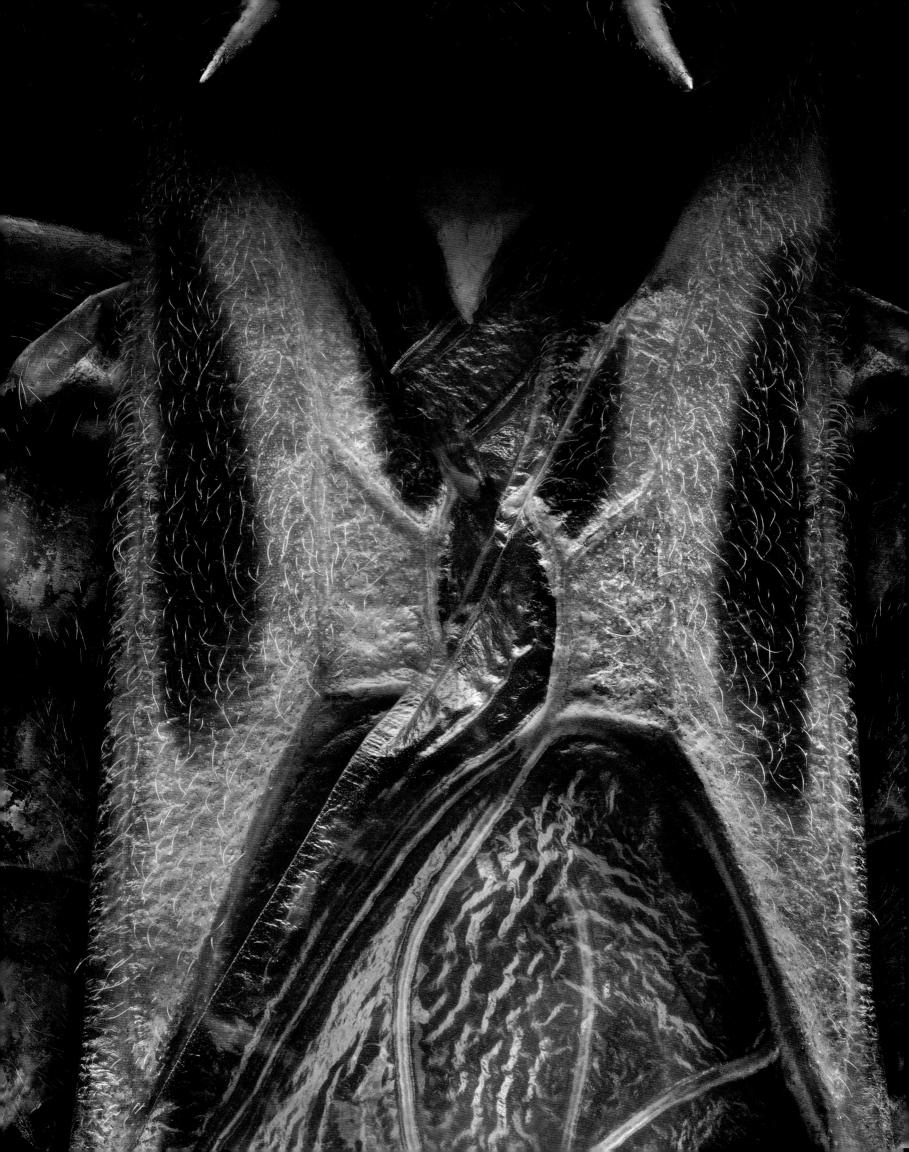

虎 甲

虎甲亚科（Cicindelinae）的一种虎甲

（鞘翅目 Coleoptera，虎甲科 Carabidae）

　　虎甲绝对称得上是微型的凶残猎手，它们利用巨大的凸出的眼睛和修长的足来发现和追逐猎物。贴近观察会发现，虎甲的体表有复杂序列分布的点状小浅坑，而其上又覆盖着排列致密的微小结构。在这些结构单元之下呈现出丰富多变的绿色调，形成了生动立体的色彩图案，或许这也为虎甲提供了在雨林环境的伪装。

标本来源：婆罗洲

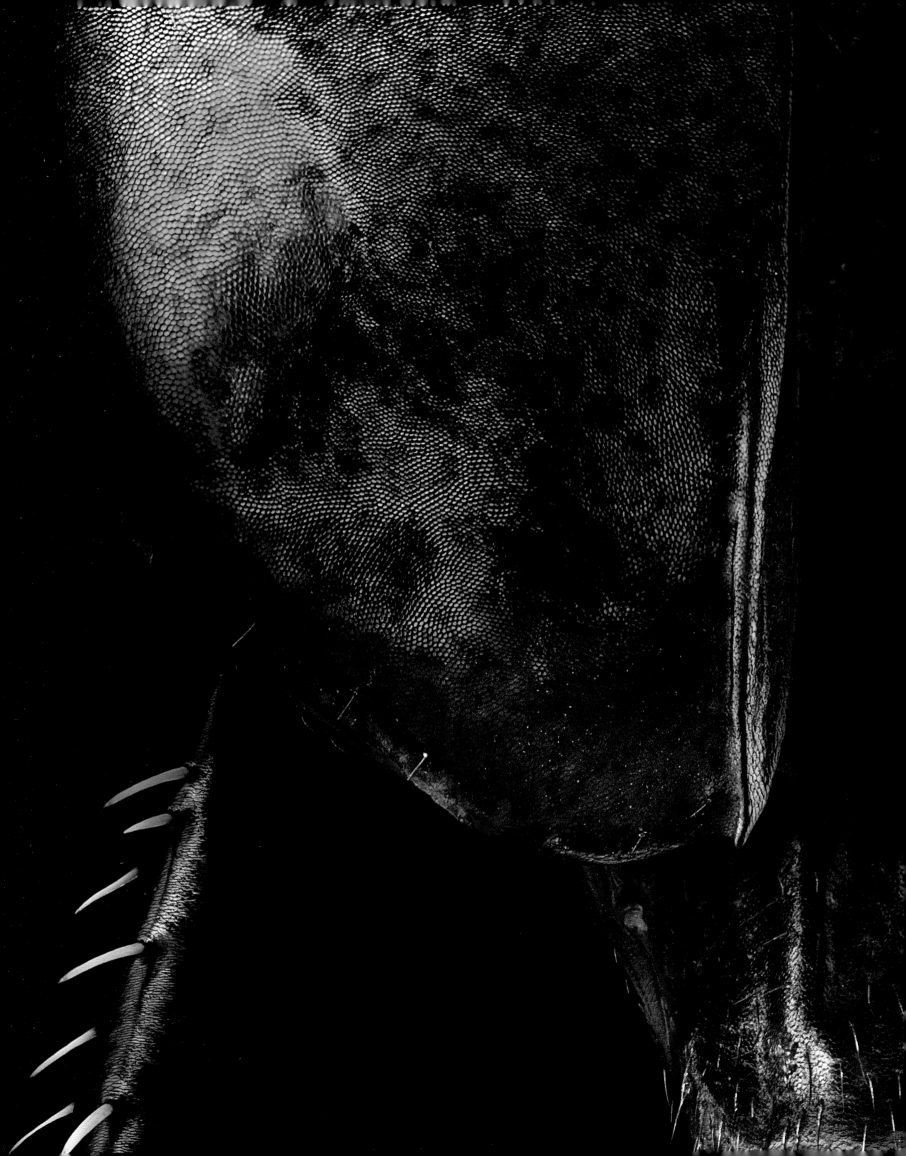

善于掘洞的蝼步甲

来自蝼步甲属（*Scarites*）的一种步甲
（鞘翅目 Coleoptera，步甲科 Carabidae）

　　19 世纪著名昆虫学家让·亨利·法布尔评价这种昆虫时说，"它就是个随时会犯事的蛮棍"。蝼步甲属的昆虫是强悍的伏击型猎手，它们会铺设洞穴陷阱静候路过的猎物。它们身体的每一处都体现了有趣的适应性：触角上具有探测运动的感觉毛，巨大的下颚能兼用于挖掘洞穴和夹捕猎物，发达的前足也会用来挖洞，后足长有可以清理灰尘的长毛。

标本来源：洪都拉斯

芦苇叶甲

普通水叶甲（*Donacia vulgaris*）

（鞘翅目 Coleoptera，叶甲科 Chrysomelidae）

　　这是一种英国湿地的甲虫，具有美丽而略带金属光泽的条纹。芦苇叶甲幼虫的生活方式极不寻常，在整个生长阶段都附着在水生植物水下的根系上。它们将腹部末端一对长刺状的中空尾管插入植物的通气组织中以便呼吸。当发育成熟时，则会利用肠道共生菌分泌的黏液作茧化蛹。芦苇叶甲成虫身体表面的细微结构非常丰富。这种昆虫那密实的网状纹理带有些许的晦暗色调，让人不禁联想到生锈了的金属。

标本来源：英国

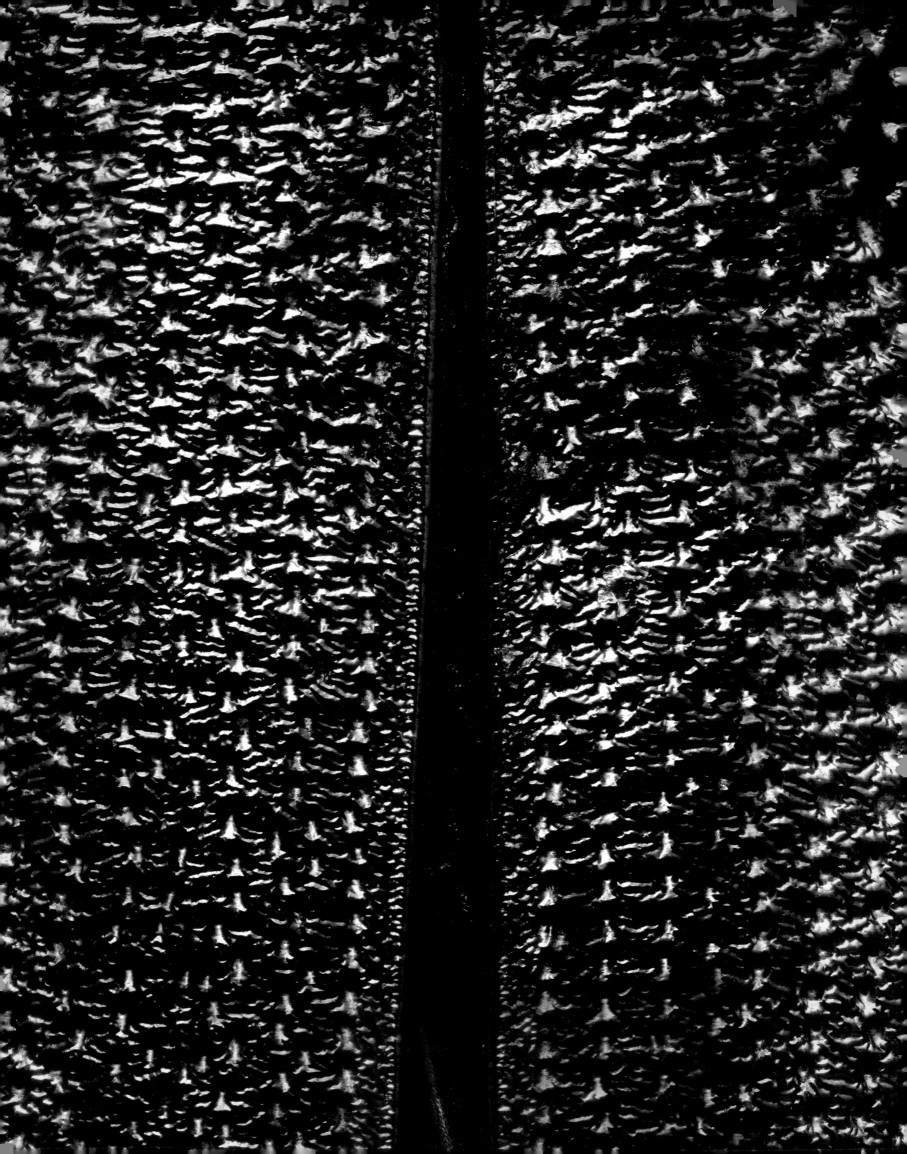

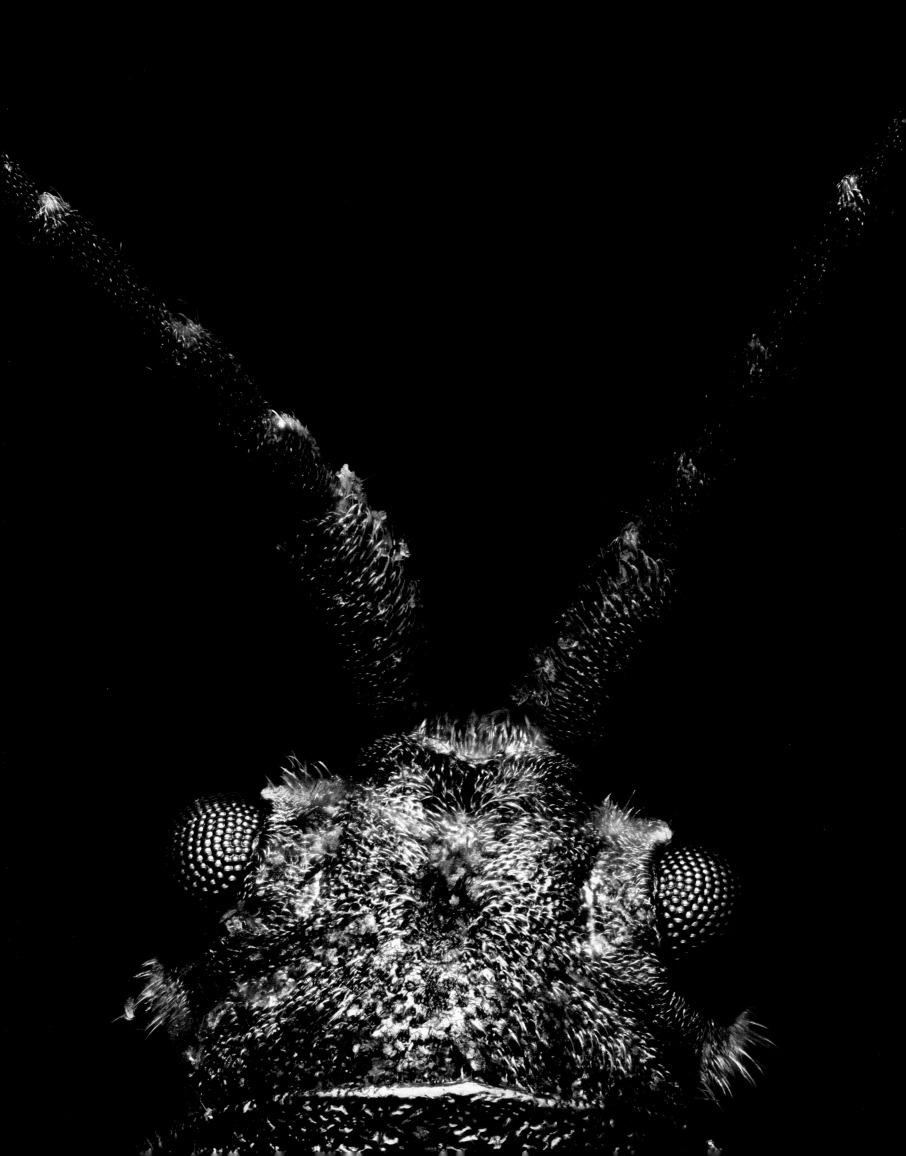

橙色的红萤

缢翅红萤（*Lycus constrictus*）

（鞘翅目 Coleoptera，红萤科 Lycidae）

请欣赏相机镜头捕捉到的复杂翅面：几条又长又粗的脊状纵脉，纵横交错的网状纹路，还有一对巨刺，整个翅面布满一层极细密的绒毛。红萤科昆虫为抵御天敌捕食，会合成一些强效的化学防御物质，而醒目的橙黑警戒色也是一种宣示。不过，其他一众原本无毒的昆虫，如某些甲虫、蜂类、蝇类或飞蛾也来争相模仿红萤的体型或体色，利用这样的拟态效果暂获平安。

标本来源：津巴布韦

背上长着枝干的角蝉

来自枝角蝉属（*Cladonota*）的种类

（半翅目 Hemiptera，角蝉科 Membracidae）

　　这种角蝉胸部的延伸附属结构非常夸张，让它看起来非常怪异，或许这种外形有助于伪装。曾经人们认为角蝉胸部这种结构（其他角蝉也具有类似的结构）是单纯的表皮衍生物，然而对角蝉发育的最新研究彻底颠覆了这种观点。其实这不寻常的附属结构是特化的第三对翅，在昆虫类群中独树一帜。

标本来源：伯利兹

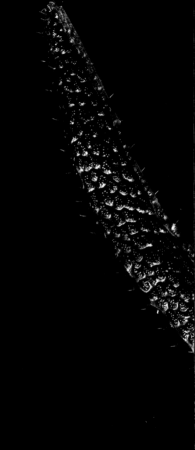

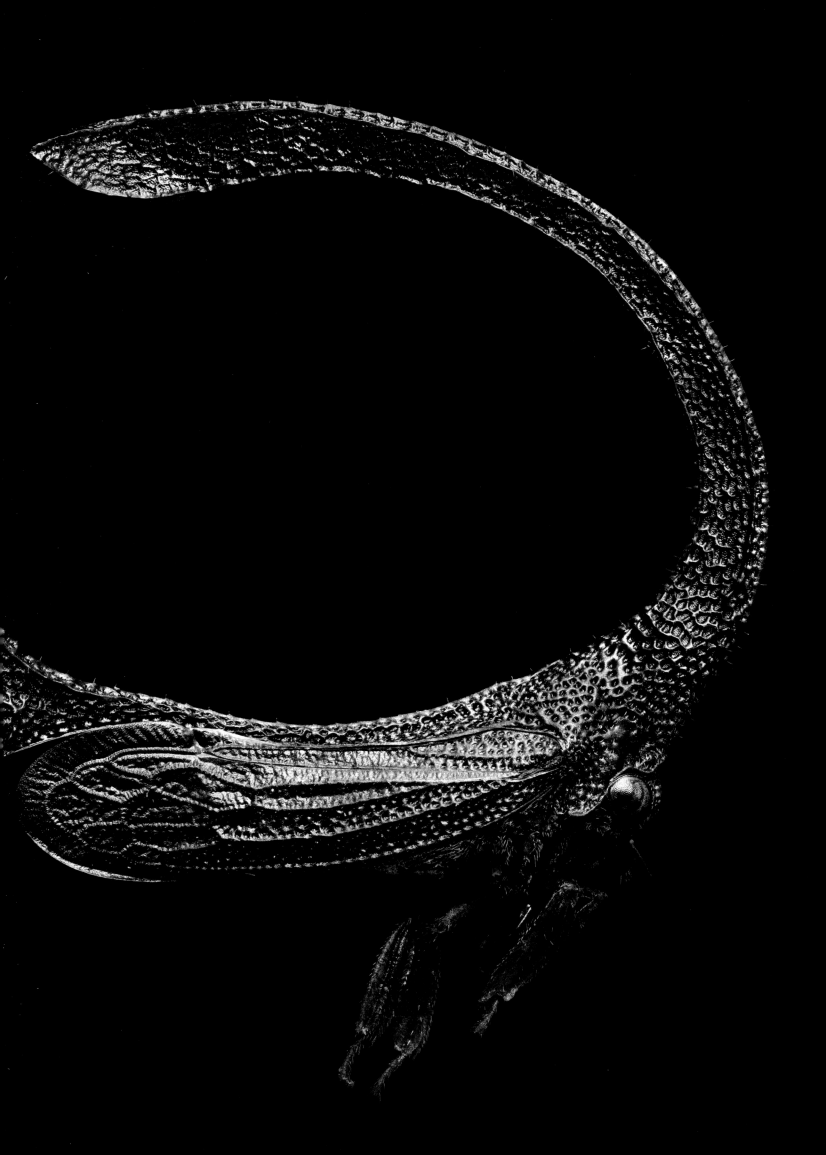

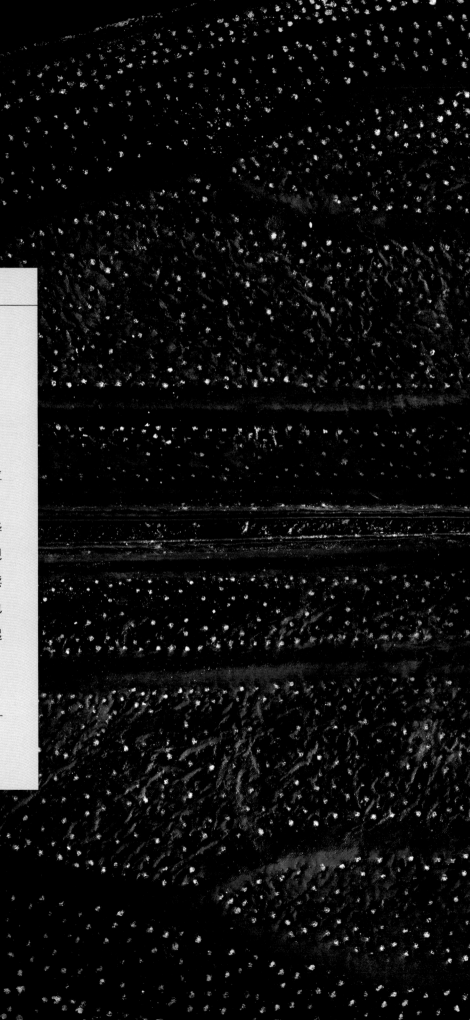

三色的吉丁虫

华美胸斑吉丁（*Belionota sumptuosa*）
（鞘翅目 Coleoptera，吉丁科 Buprestidae）

该标本由维多利亚时代的博物学家及探险家阿尔弗雷德·拉塞尔·华莱士（Alfred Russel Wallace）在斯兰岛（Seram）采集，采集时间在 1859 年 10 月至 1860 年 6 月。在这更早几年前，华莱士已独立建立了一套与查尔斯·达尔文几乎完全相同的进化观点，也就是他们初次合作时共同发表的进化论。之后达尔文继续进行理论研究，而华莱士则踏上了探索马来群岛的征程。说来也巧，在这枚别致的甲虫标本采集期间的 1859 年 11 月，《物种起源》出版了。

标本来源：印度尼西亚，斯兰岛

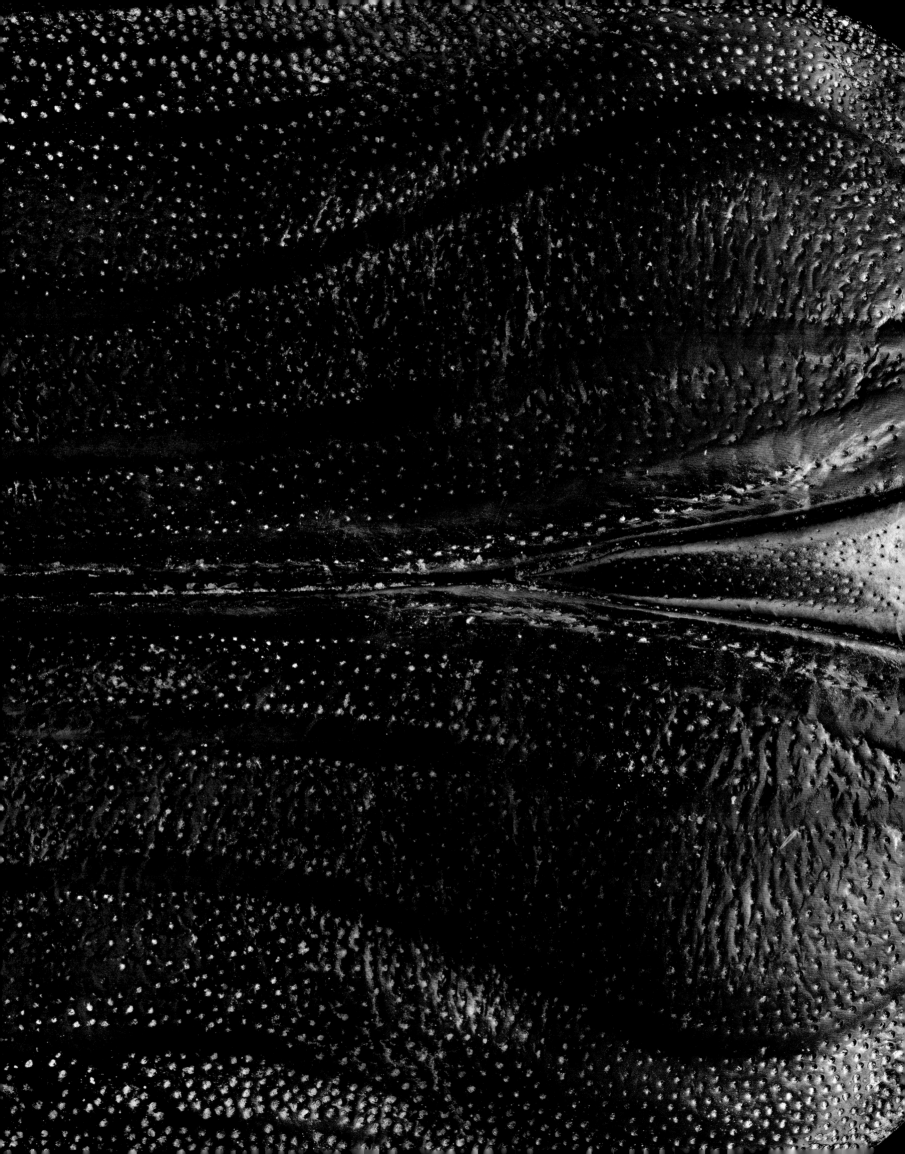

身形俏美的蜣螂

丽旋胸蜣螂（*Helictopleurus splendidicollis*）

（鞘翅目 Coleoptera，金龟子科 Scarabaeidae）

  这只华丽俏美的蜣螂绝对是全世界最具吸引力的蜣螂之一。而它只是马达加斯加众多璀璨珍奇物种中的一抹星光。一般认为，在马达加斯加所有的大型动物灭绝之后，这种蜣螂从粪食性转向腐食性，因此种群才得以延续。别的蜣螂种类则通过取食牛粪等替代食物存活了下来。

标本来源：马达加斯加

绿头苍蝇

丽蝇科的一种蝇类

（双翅目 Diptera，丽蝇科 Calliphoridae）

尽管这位"家庭访客"很不受欢迎，但这些苍蝇却在自然界中扮演着重要的角色。许多绿头苍蝇有助于如腐尸和粪便等有机质的物质循环。正因如此，苍蝇会被腐败的气味强烈吸引，这一特性也被某些植物加以利用。这类植物开花时散发出腐尸般的气味，以此招募不知内情的苍蝇充当授粉运动员光顾一朵又一朵的花。

标本来源：英国

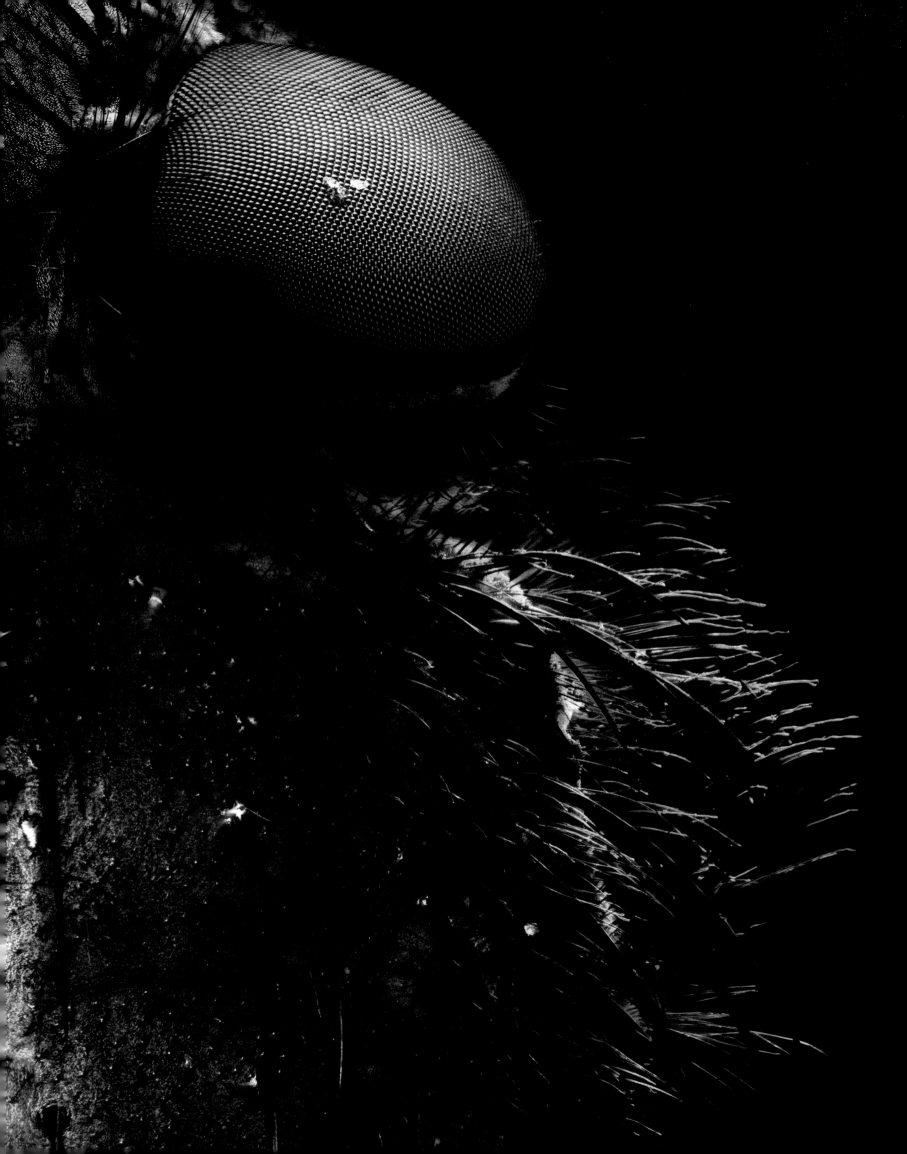

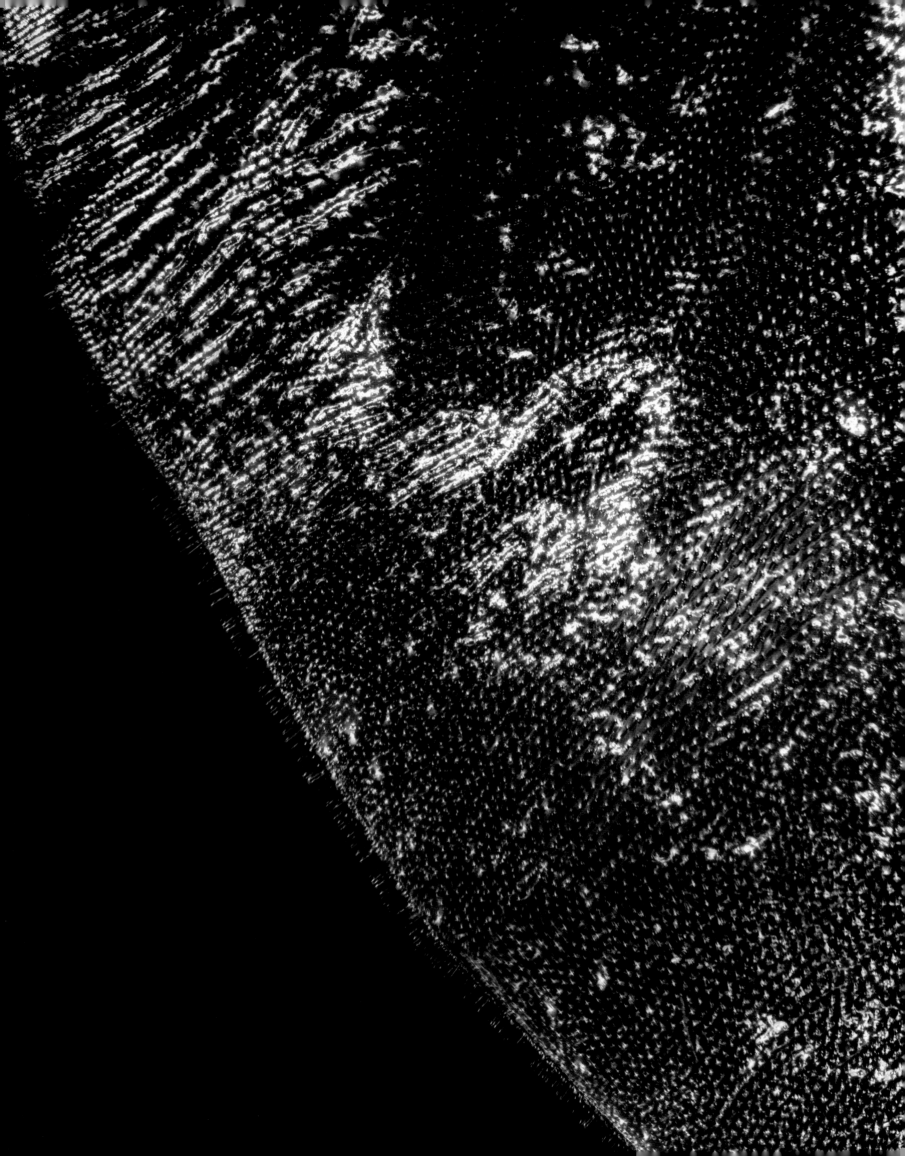

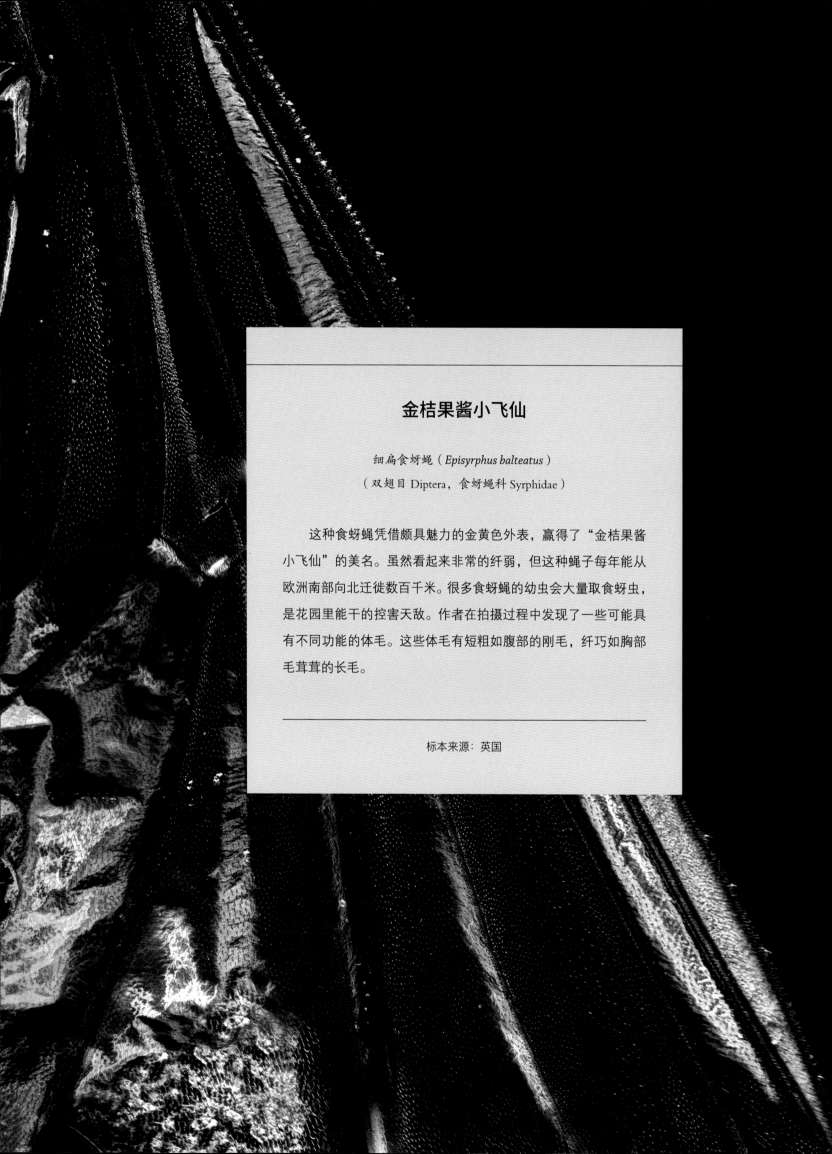

金桔果酱小飞仙

细扁食蚜蝇（*Episyrphus balteatus*）
（双翅目 Diptera，食蚜蝇科 Syrphidae）

　　这种食蚜蝇凭借颇具魅力的金黄色外表，赢得了"金桔果酱小飞仙"的美名。虽然看起来非常的纤弱，但这种蝇子每年能从欧洲南部向北迁徙数百千米。很多食蚜蝇的幼虫会大量取食蚜虫，是花园里能干的控害天敌。作者在拍摄过程中发现了一些可能具有不同功能的体毛。这些体毛有短粗如腹部的刚毛，纤巧如胸部毛茸茸的长毛。

标本来源：英国

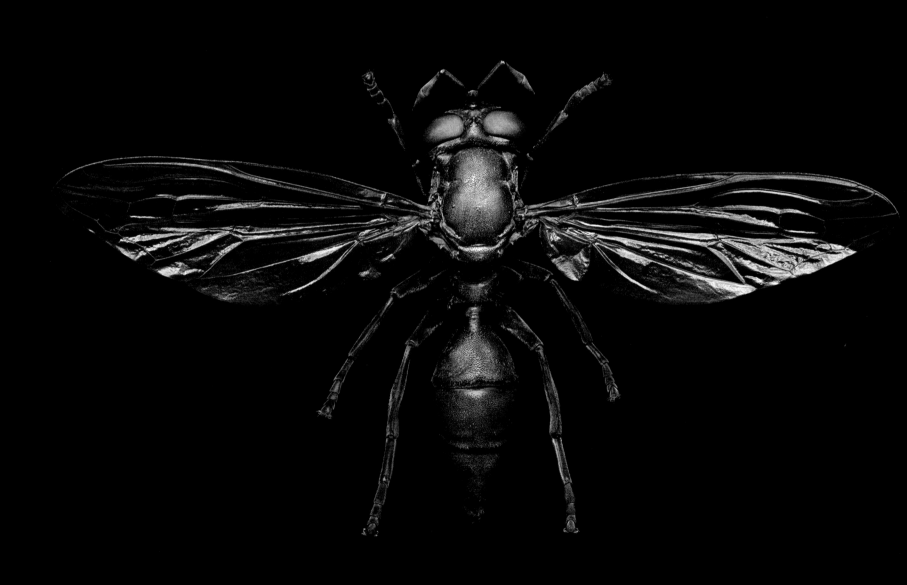

拟态胡蜂的食蚜蝇

柄额蚜蝇属（*Cerioides*）的一种食蚜蝇
（双翅目 Diptera，食蚜蝇科 Syrphidae）

　　自然界中，一个物种演化得与另一个物种越来越像的现象就是拟态。在昆虫世界中这种现象常见而有趣。通常为了达到保护自己的效果，柔弱的物种会拟态难缠的或是有毒的物种。而这只本身弱不禁风的食蚜蝇通过拟态好斗又有毒针的胡蜂获得了额外的保护。自然选择的力量打造出胡蜂的一个近乎完美的复制品，以至于这只飞蝇长着黑色的翅、狭窄的腰部、更长一些的触角和毛列退化的体表。

标本来源：巴西

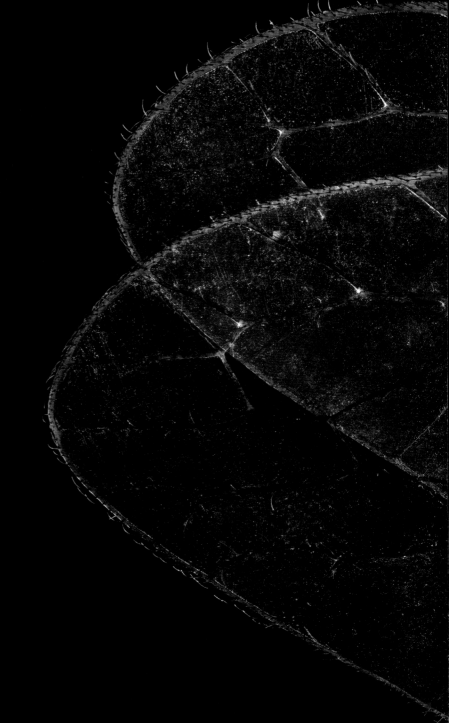

螳蛉

螳蛉属（*Mantispa*）的一种螳蛉

（脉翅目 Neuroptera，螳蛉科 Mantispidae）

    螳蛉是趋同进化的一个绝佳例子，趋同进化是指外表形似的结构却来自于非同源器官的演化。粗壮特化的前肢用于抓握猎物，与螳螂的捕捉足有几分相似。可是与螳螂相比，螳蛉属于完全不同的昆虫类目：脉翅目。其实类似这样的捕捉足结构在其他昆虫中曾经独立起源和演化过几次，如猎蝽、蝇、蓟马。

标本来源：法国

专吃种子又毛茸茸的家伙

近缘婪步甲（*Harpalus affinis*）
（鞘翅目 Coleoptera，步甲科 Carabidae）

　　大多数的步甲是肉食性的，不过这一种以及相近缘的几种步甲却是专食种子的昆虫。一般而言，通过研究步甲的上颚结构可以大致推测其食性。以这种取食种子的步甲为例，它的上颚又短又钝，适合用来破碎种子。这种甲虫的体表微观结构特化得很好，在高倍放大后可以看到前翅表面由复杂纹路交织而呈现出绸缎般的光泽。

标本来源：英国

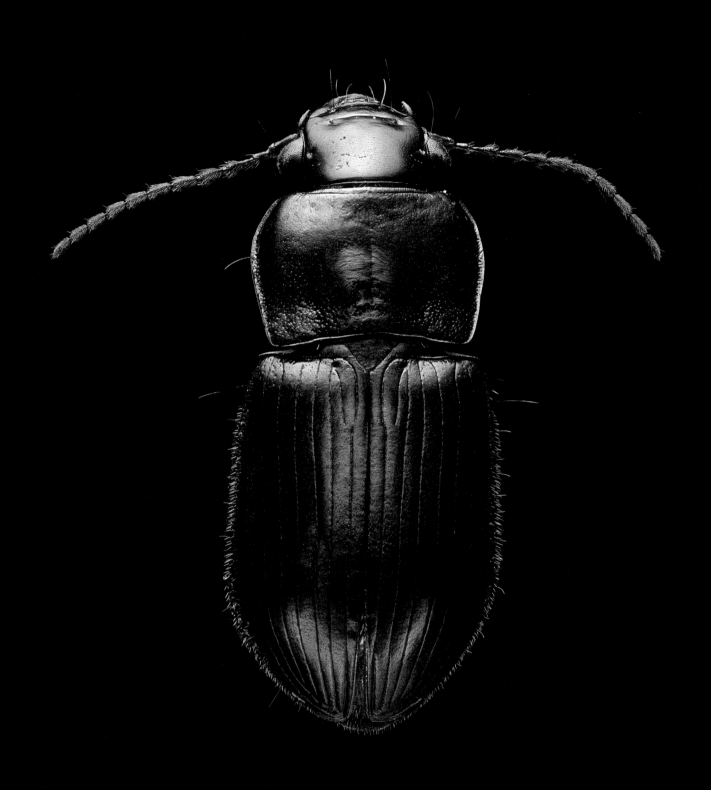

碧绿色的虎甲

野虎甲（*Cicindela campestris*）

（鞘翅目 Coleoptera，步甲科 Carabidae）

温带地区的虎甲较常见于沙土区域。这是些善奔走、异常机敏的昆虫，我们无法在温暖的天气里轻易接近和观察它们。它们通常只留给我们起飞时艳美的惊鸿一瞥。虎甲成虫是活跃的捕猎者，而其幼期阶段则长时间都静止不动，用守株待兔的方法待在洞穴中等待猎物送上门来。

标本来源：英国

龟形叶甲

枣掌铁甲（*Platypria melli*）

（鞘翅目 Coleoptera，叶甲科 Chrysomelidae）

　　这种龟形叶甲半球状的体型也许能帮助其抵御来自蚂蚁或其他小型捕食者的袭击。事实上的确如此，当这些叶甲待在叶片表面时，很容易让人联想起迷你版的坦克编队。体壁柔软的幼虫则别出心裁地将粪便和蜕下的表皮附在身上作为一种防御。龟形叶甲体表精美复杂的外形是由各种隆凸、浅凹、褶皱以及刺列构成的。光穿透过标本，翅区一些局部如纸般纤薄的质感更加明显。那些长刺的具体功能尚无研究，但大体可以推测是用于防卫捕食者，或是有助于将自己伪装起来藏匿于寄主植物上。

标本来源：中国

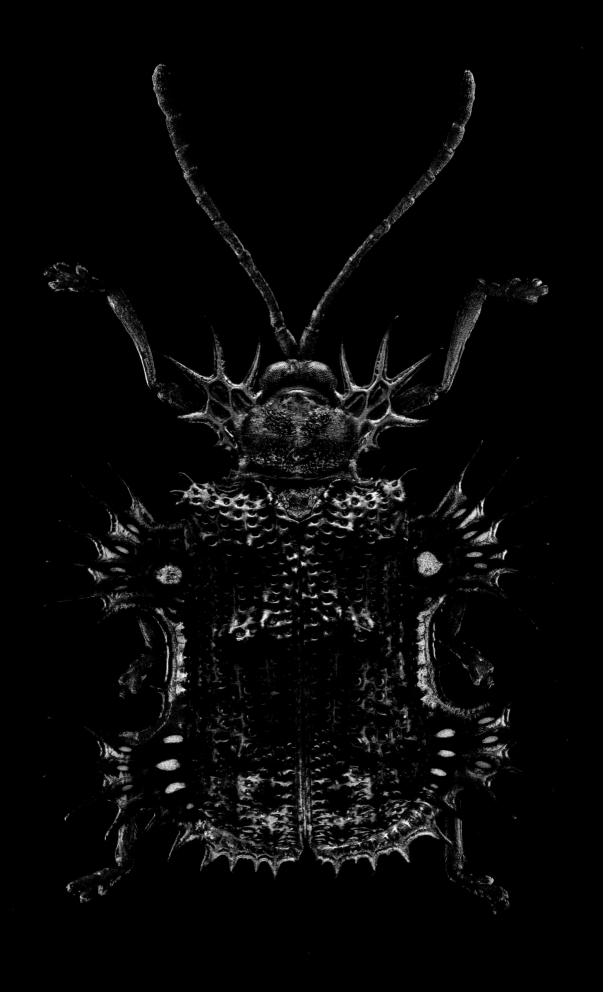

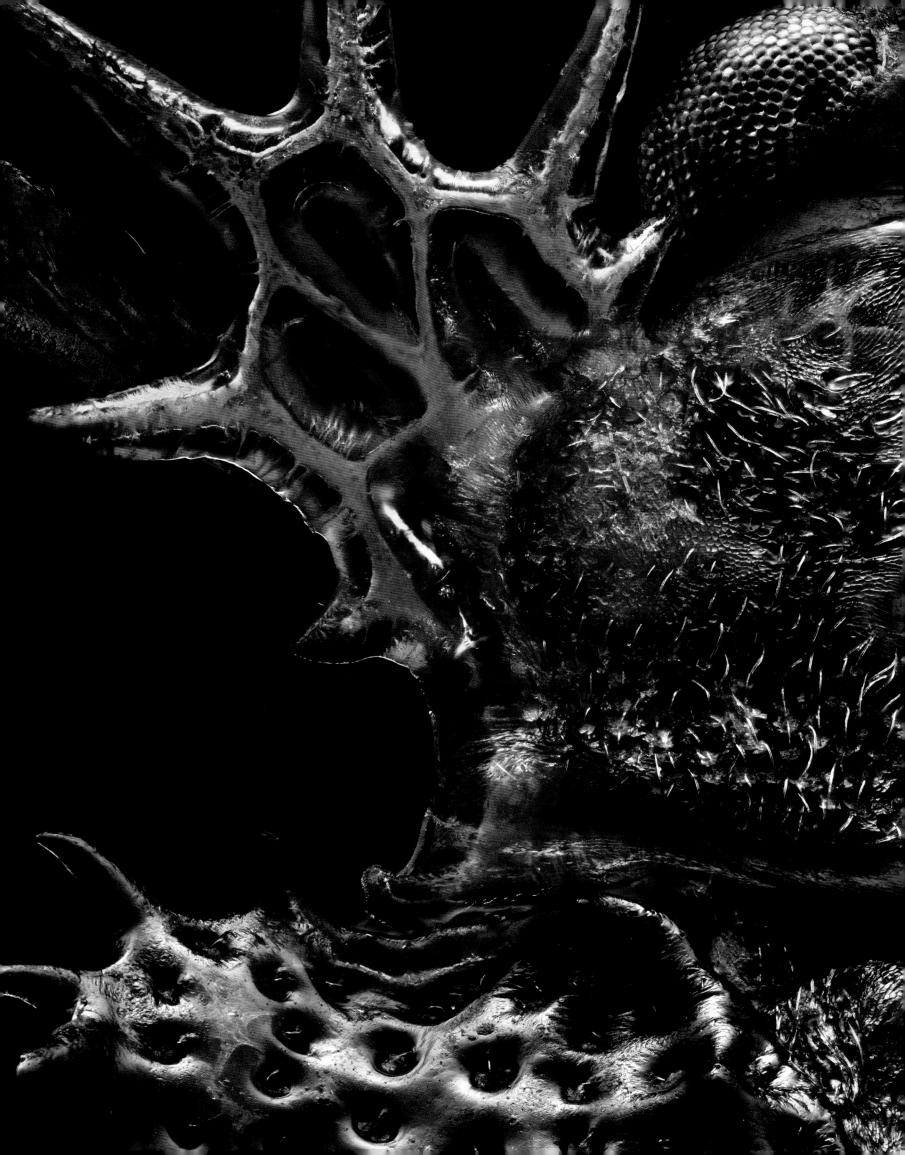

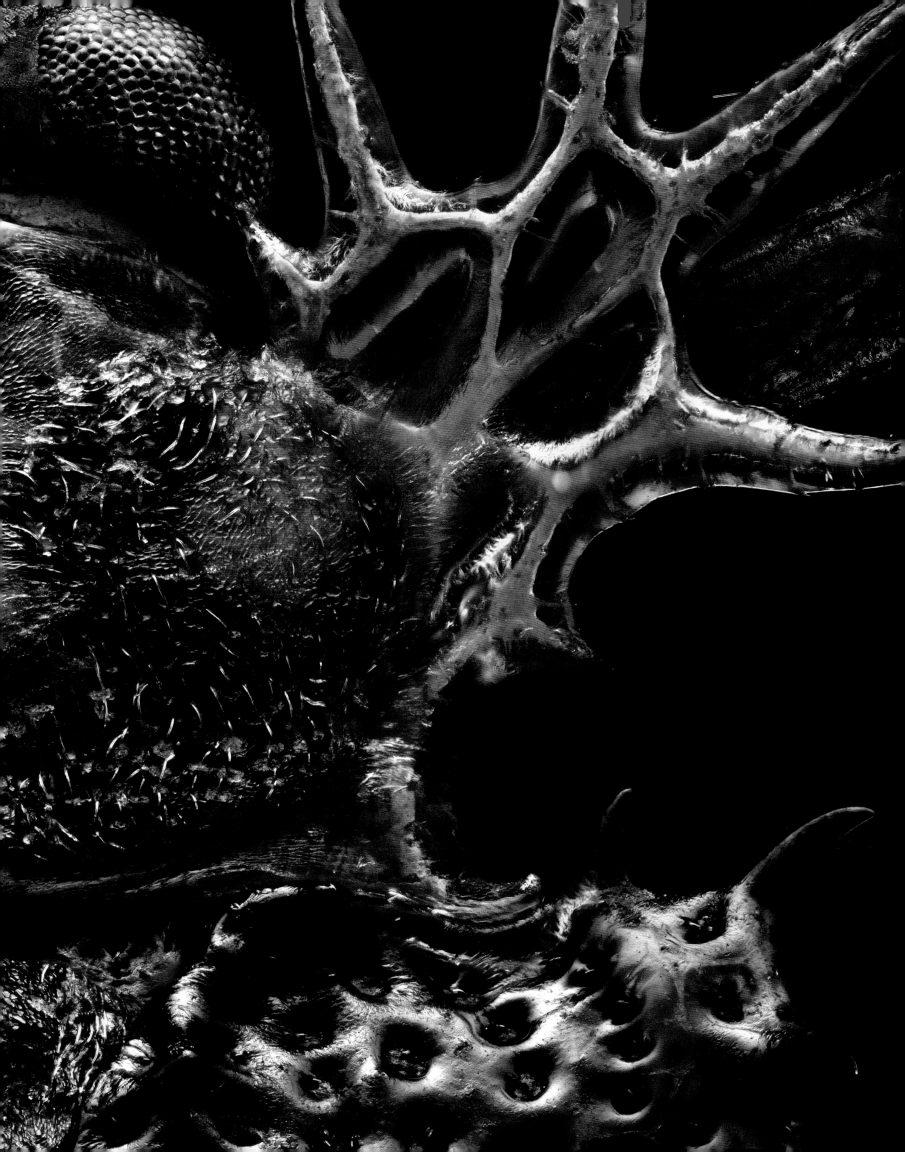

暗色甲虫

象牙沐雾甲（*Stenocara eburnean*）
（鞘翅目 Coleoptera，拟步甲科 Tenebrionidae）

甲虫中拥有纯白体色的种类相对较少，这种体色所起的作用也不甚明确。也许这是一种对在荒漠环境中生存的适应，用以反射强烈日光从而避免灼伤。许多栖息于荒漠中的甲虫会从腹部专门的腺体中喷射防御性的有毒化学物质，所以这种黑白分明的体色也可能是一种对捕食者的警戒色。

标本来源：纳米比亚

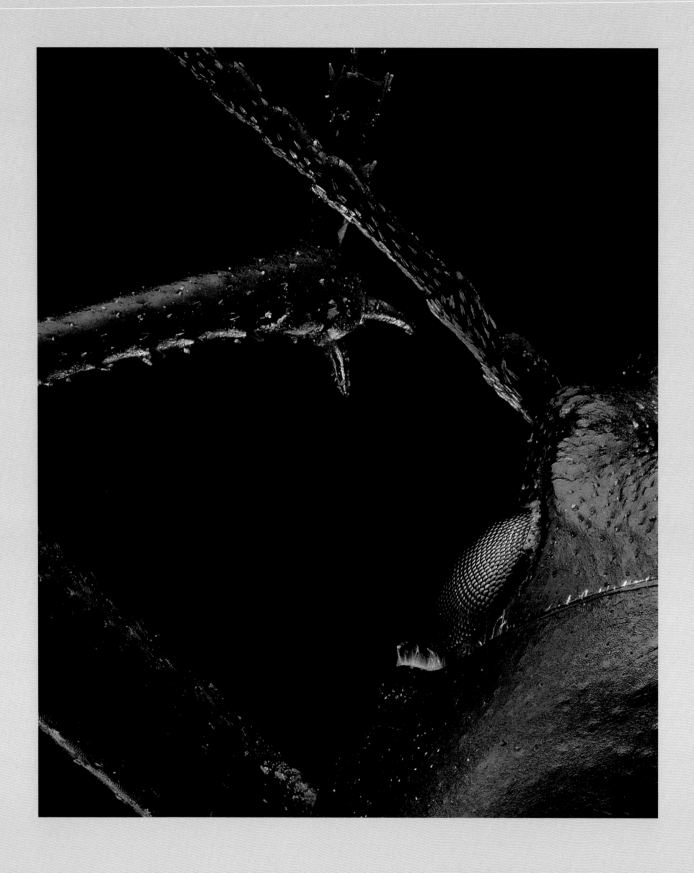

沟缘飞碟甲

波特鳞漠甲（*Lepidochora porti*）

（鞘翅目 Coleoptera，拟步甲科 Tenebrionidae）

  这是产于非洲南部纳米布沙漠的甲虫，它演化出了可以从滨海的雾气中收集水分的能力。它先是在正确朝向的沙丘上做出若干条沟和脊，当这些结构高耸出周围区域以后，水汽会在脊部凝结，然后这种甲虫就去吸吮水分。在超显微照片里可以看到这只甲虫体表长有精美的细小鳞片，这是肉眼看不到的。其他昆虫也附带不同功能的鳞片，然而说到当下这只甲虫鳞片有什么功能时，我们却一无所知。这种鳞片的作用有可能是在挖掘沙土的时候减少摩擦，或是辅助体温调节，也可能是减少体内的水分散失。

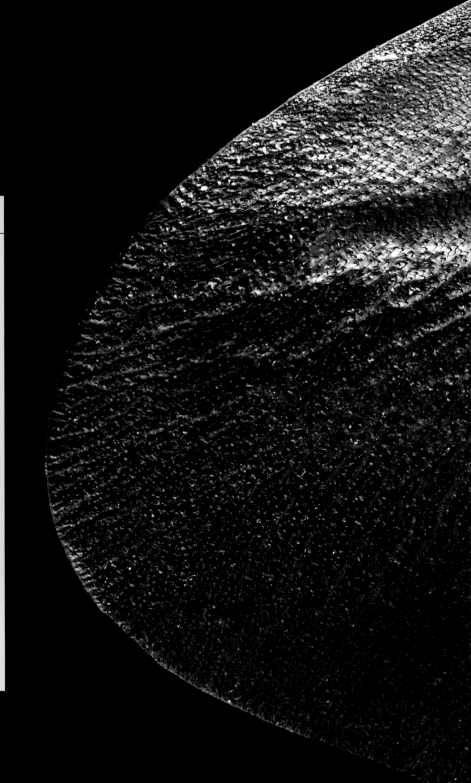

兰花蜂

长舌花蜂（*Exaerete frontalis*）

（膜翅目 Hymenoptera，蜜蜂科 Apidae）

　　"兰花蜂"在蜜蜂类群中，不论从体型、体色还是体表微观结构上都非常出众。印象中蜜蜂都是对人友善的益虫，但长舌蜂属（*Exaerete*）的"兰花蜂"是一种寄生蜂，雌蜂不会去采集花粉建造巢穴，而是潜入其他蜂类的巢穴，将卵寄生到宿主的育卵室里。这种繁育策略非常成功，事实上相当一部分的蜂类都过着这种寄生性的生活。由于不再采集花粉，"兰花蜂"相较其他蜜蜂而言体毛较少，外形大体更接近胡蜂的样子。

标本来源：巴西

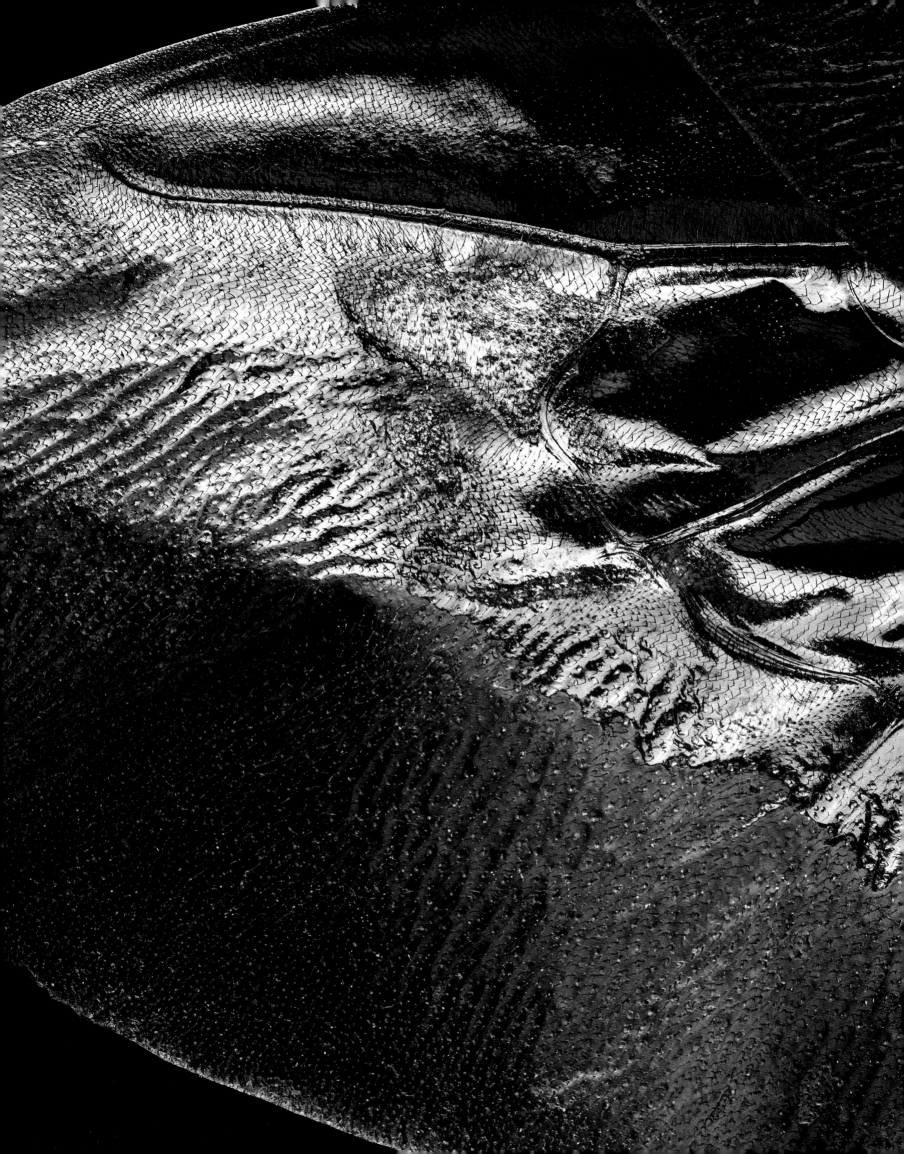

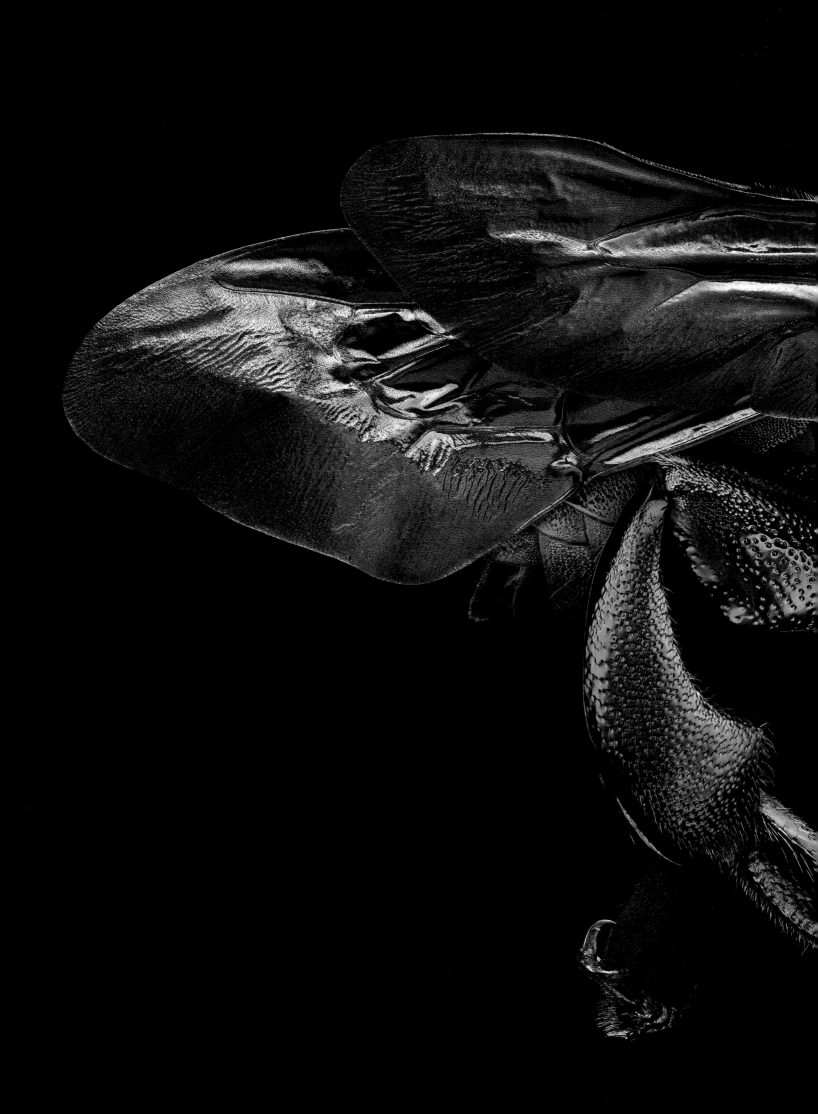

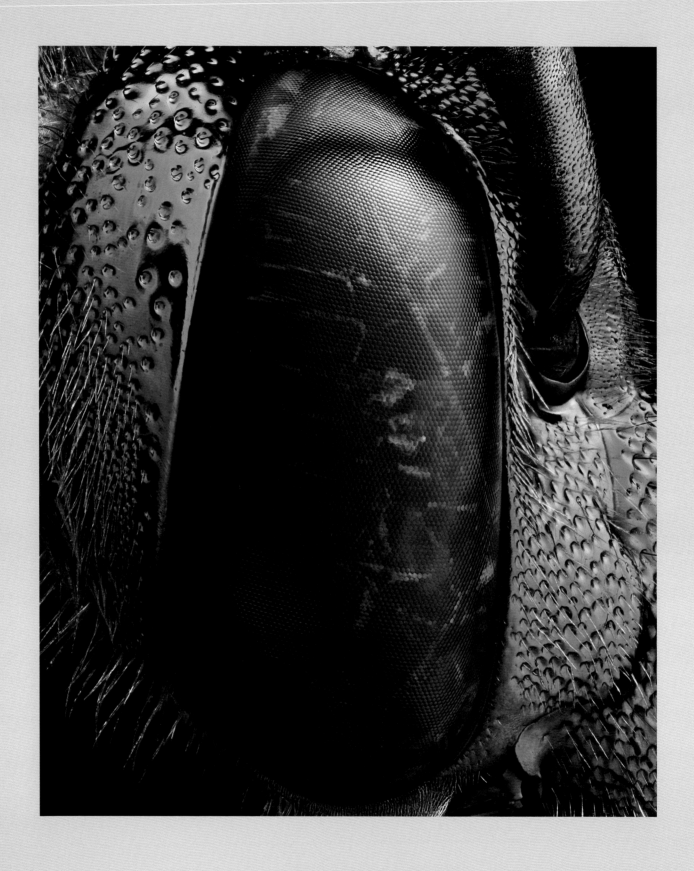

角 蝉

瓣突角蝉属（*Phyllotropis*）的种类

（半翅目 Hemiptera，角蝉科 Membracidae）

　　角蝉在体型和构造上表现出非常广泛的多样性，可能比任何其他种类的昆虫都要丰富。角蝉的胸部通常演化出各种样式的有保护功能的结构。有些角蝉的前胸长得像棘刺，有的拟态叶片，还有少数种类的前胸背板长得像只蚂蚁。这只角蝉僧帽状的盾板完美地宣示了它那橙黑相间的警戒色。

标本来源：巴西

天牛（一）

切胸天牛属（*Sternotomis*）的种类

（鞘翅目 Coleoptera，天牛科 Cerambycidae）

  天牛亦是一类多样性丰富的甲虫，总数超过 25 000 种，在外形、体型和体色等方面似乎有无穷无尽的变化。天牛幼虫通常钻蛀取食倒木，这是一类营养贫乏的食物。这也造成幼虫发育期格外地长，有些甚至会超过 20 年。当放大以后，这只非洲天牛隐秘的华丽花纹展露无遗——那是像蝴蝶或飞蛾体表鳞片一样密密麻麻的有色细毛。

标本来源：尼日利亚

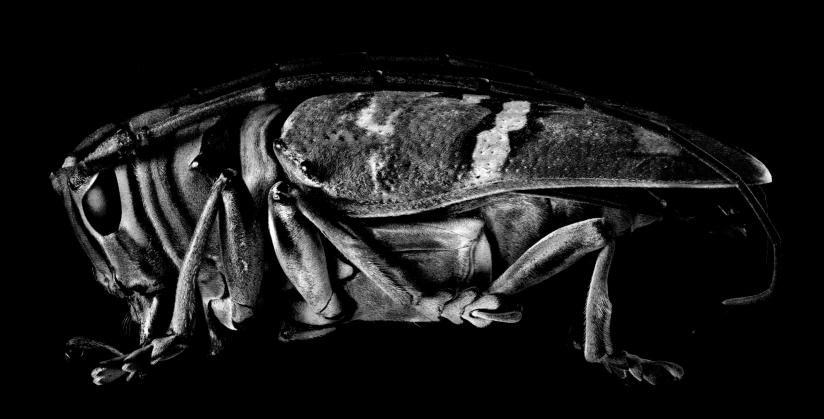

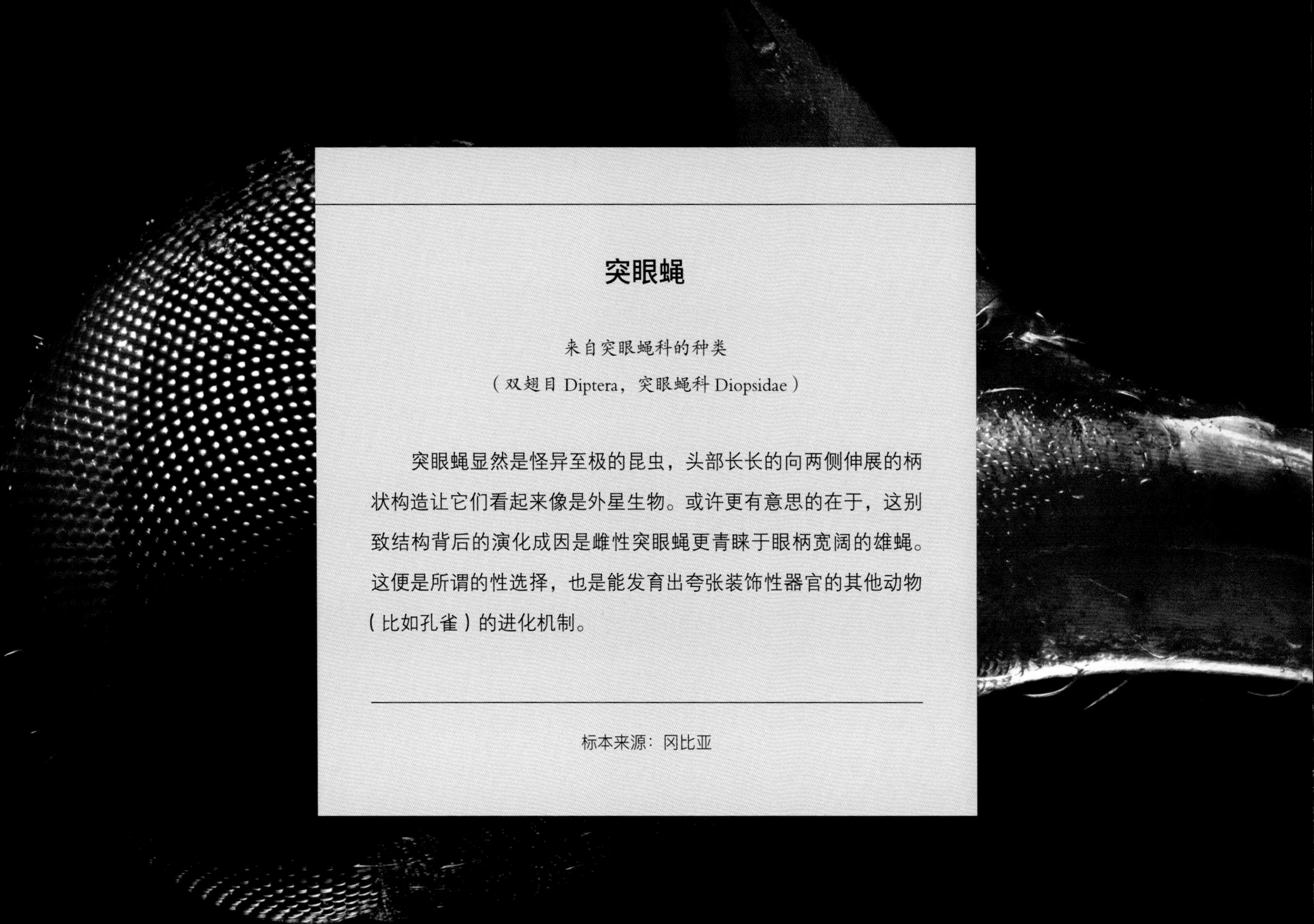

突眼蝇

来自突眼蝇科的种类

（双翅目 Diptera，突眼蝇科 Diopsidae）

    突眼蝇显然是怪异至极的昆虫，头部长长的向两侧伸展的柄状构造让它们看起来像是外星生物。或许更有意思的在于，这别致结构背后的演化成因是雌性突眼蝇更青睐于眼柄宽阔的雄蝇。这便是所谓的性选择，也是能发育出夸张装饰性器官的其他动物（比如孔雀）的进化机制。

标本来源：冈比亚

拟态枯叶的蚱蜢

枯叶蜢属（*Chorotypus*）的种类
（直翅目 Orthoptera，脊蜢科 Chorotypidae）

这种蚱蜢演化得像是一片枯叶，使得它可以在森林的地表有效地隐身，从而逃离捕食者的视线。它的外形与枯叶惊人地相似，甚至模拟出了错综复杂的叶脉纹理。在其他类群的无脊椎动物中，也有独立演化出拟态枯叶的种类，特别是一些蝶与蛾、螳螂、竹节虫，甚至在一些脊椎动物如蛙类、壁虎以及鱼类中也有发生。

标本来源：婆罗洲

巴黎孔雀蝶

巴黎翠凤蝶（*Papilio paris*）

（鳞翅目 Lepidoptera，凤蝶科 Papilionidae）

　　这种蝴蝶是凤蝶的一种，这个类群以燕尾蝶闻名于众，主要分布在东南亚地区和澳洲。它们有极为多样的亚型和岛屿小种群，但有些亚型因为栖息地被破坏已经极度濒危。翠凤蝶一般在棕黑色的翅上长有鲜艳的翅斑，翅斑周围点缀着浓密的绿色鳞片。

标本来源：印度尼西亚

瓦工胡蜂

螺蠃亚科（*Eumeninae*）的种类

（膜翅目 Hymenoptera，胡蜂科 Vespidae）

在超显微照片里，显现了瓦工胡蜂一些颇为有趣的结构细节。这只雄性胡蜂的触角末端弯成钩状，在交配时用于抓握雌性胡蜂的触角。翅表面的绝大部分区域都长着极细密的毛，又叫微毛，似乎有一定的空气动力学功能，可以调节飞行中的气流。

标本来源：印度

红尾蜂

炫彩帕青蜂（*Parnopes grandior*）
（膜翅目 Hymenoptera，青蜂科 Chrysididae）

红尾蜂因其鲜亮的体色而令人印象深刻。红尾蜂又称珠宝蜂或青蜂，多数种类会寄生于其他独居型的蜂类。不同于其他蜂类的是，红尾蜂丧失了蜇刺的能力。为了抵御袭击，红尾蜂进化出超强硬的外骨骼，很多种类还能将自己团成一团以保护更为脆弱的头和足。这枚标本的体表微观结构十分有趣，是由遍布全身的各种尺寸的凹坑形成的。

标本来源：法国

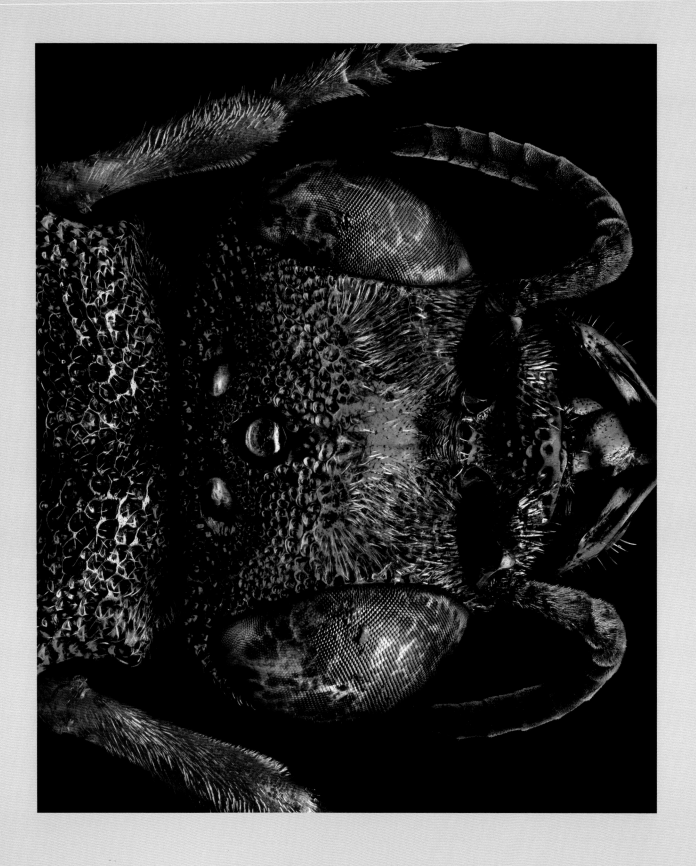

大蕈甲

薄蕈甲属（*Brachysphaenus*）的种类

（鞘翅目 Coleoptera，大蕈甲科 Erotylidae）

　　大蕈甲是瓢虫的近亲，它们通常也具有鲜艳的斑纹，有的是亮丽的色斑，有的是点斑，有的是条纹，还有的是其他形状的花纹。如此绚丽的体色向捕食者警示自己暗藏一套老辣的化学防御术。大蕈甲的有毒物质既能从身体浅表的毒腺分泌，也能在反射性出血时分泌；当反射性出血时，腹部末端会喷出体液和有毒化合物的混合液。

标本来源：玻利维亚

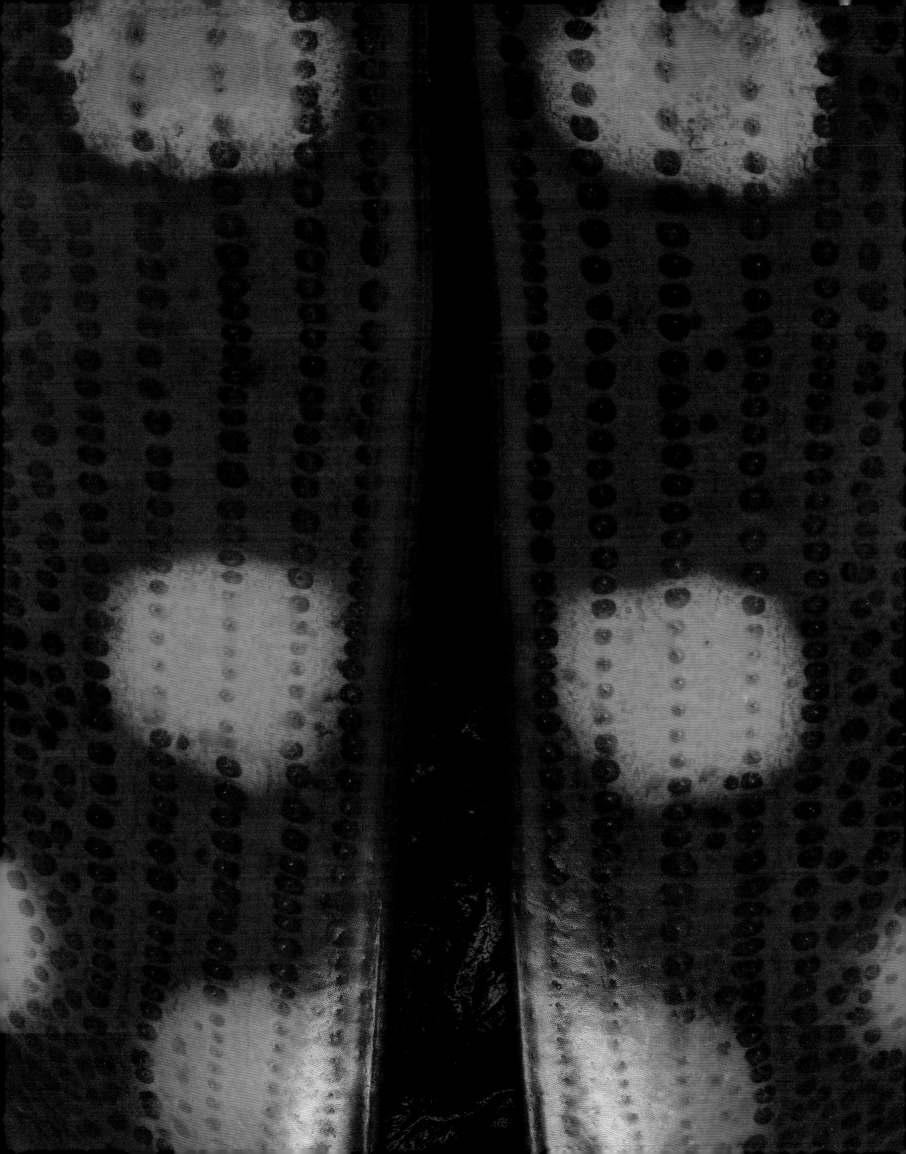

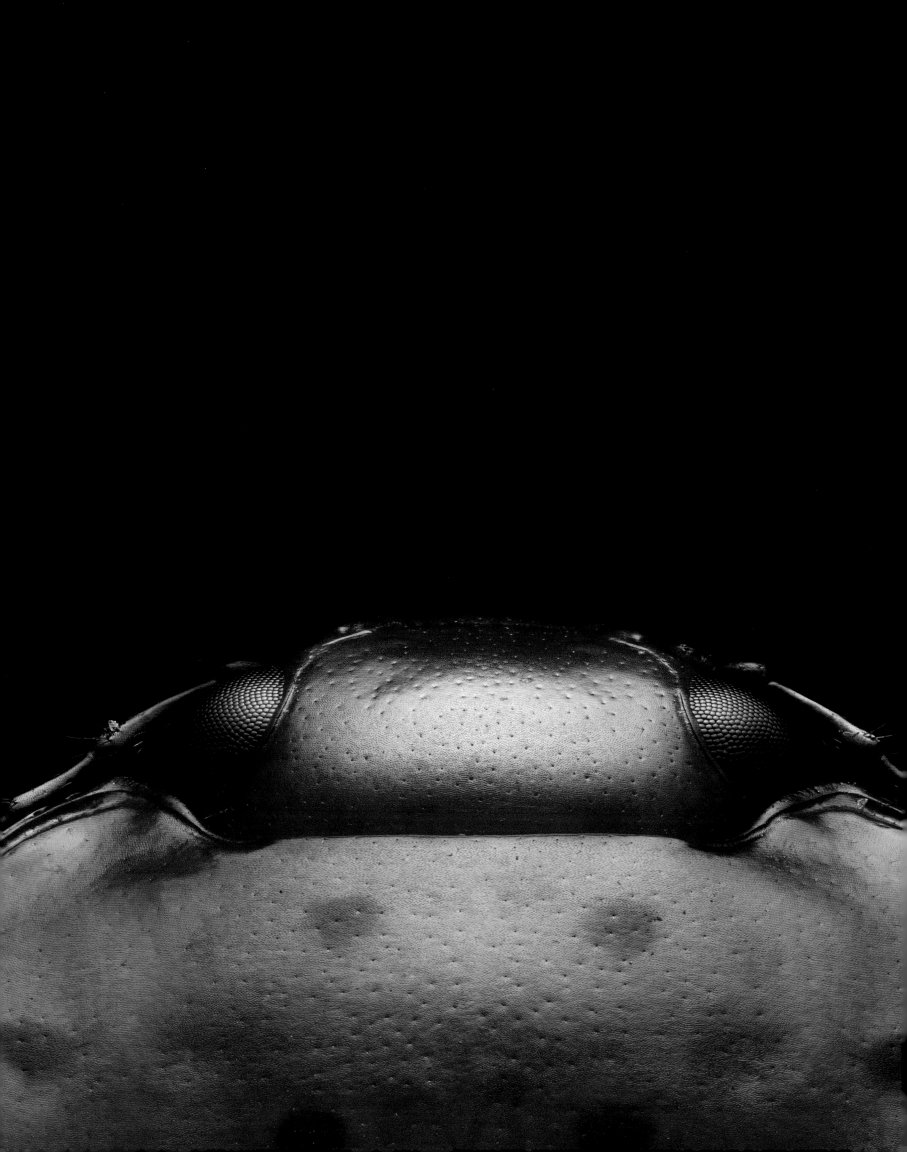

马里恩的无翅蛾

马里恩藓谷蛾（*Pringleophaga marioni*）

（鳞翅目 Lepidoptera，谷蛾科 Tineidae）

乍看之下，的确很难说清这种昆虫属于哪个类群，但将其足部和体表扁平的鳞片放大以后，这只昆虫的真实身份便水落石出了——原来这是一种蛾子。这种无翅飞蛾属于爱德华王子群岛特有种，那里是两座位于印度洋至南之地远离尘烟且常年多风的岛屿，距离南非至少 1 600 千米。此蛾的生活习性很特别，主要以信天翁巢穴中堆积的碎屑为食。尽管完全没有飞行的能力，它们的翅并没有彻底消失，而是退化成又短又细的棒状结构。

标本来源：马里恩岛

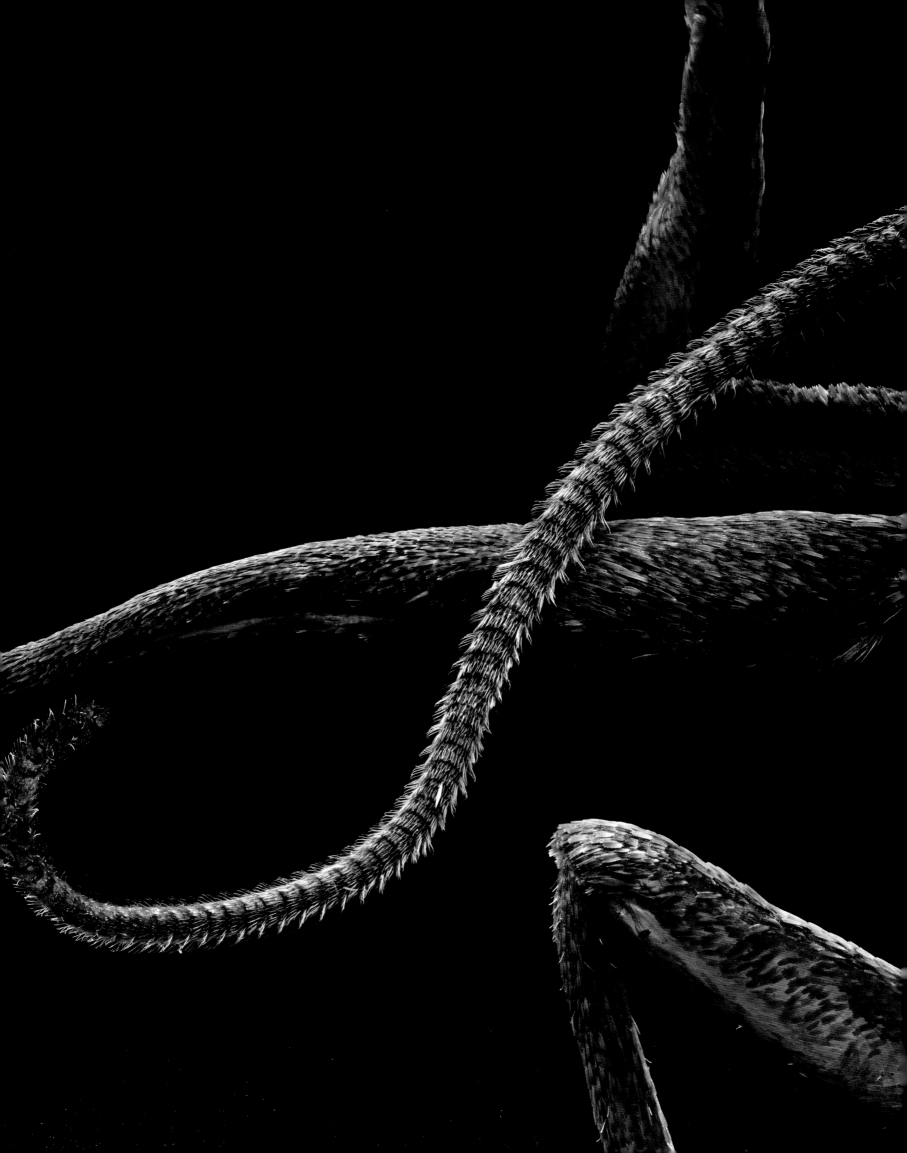

提灯虫

角蜡蝉属（*Zanna*）的一种蜡蝉
（半翅目 Hemiptera，蜡蝉科 Fulgoridae）

提灯虫是植食性昆虫大家族蜡蝉中的一类。很多蜡蝉有鲜艳的体色或是在头前方生长有特化的修饰物。提灯虫头部怪异的结构一度被误认为在夜间可以发光，即使后来被发现描述不实，但提灯虫的名字已深入人心无法改变。虽然膨大的头端的具体作用尚不可知，却成为很多爱好者猜测的热点话题。有些种类的蜡蝉会分泌羽状的蜡丝，这些蜡丝往往超过蜡蝉的体长，应该有保护自己免于被捕食或被寄生的作用。当然，这个神秘而又未被充分了解的类群尚有许多需要研究的地方。

标本来源：坦桑尼亚

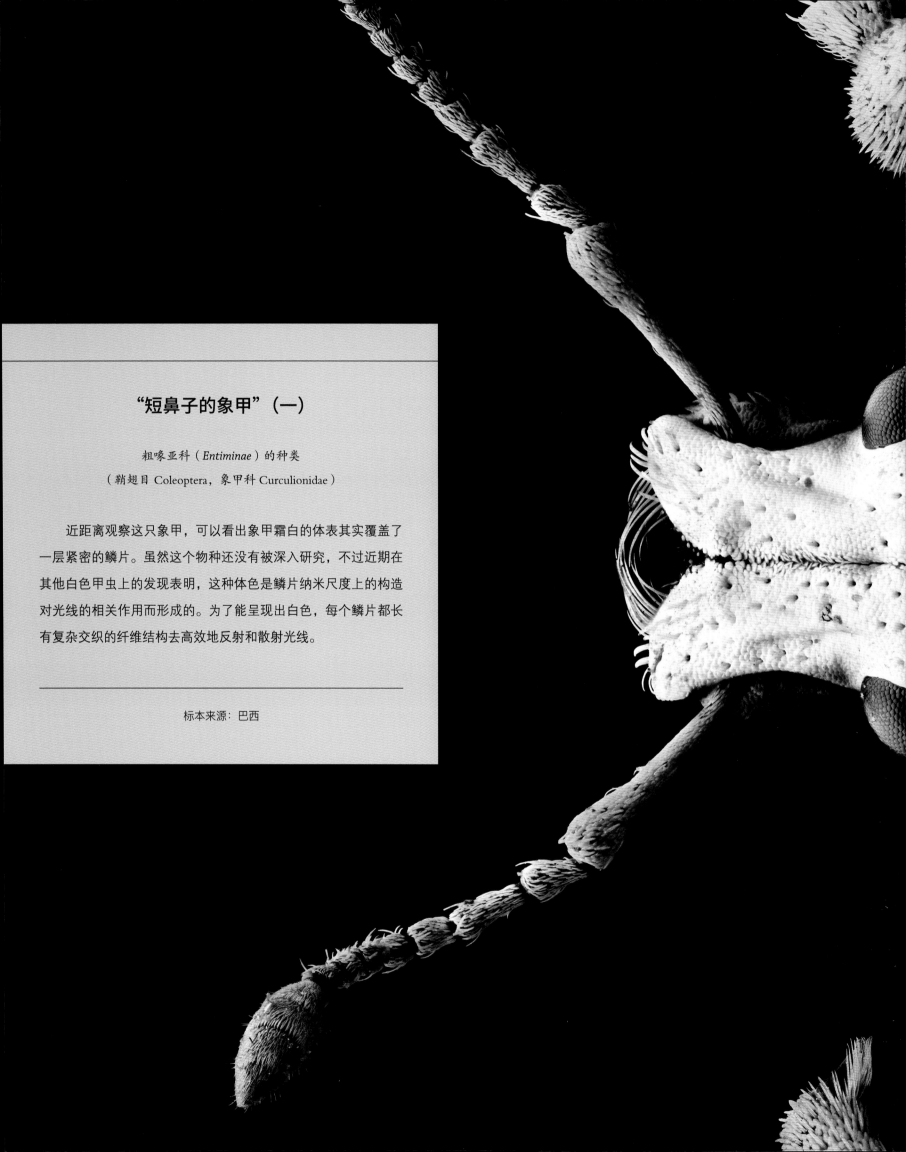

"短鼻子的象甲"（一）

粗喙亚科（*Entiminae*）的种类
（鞘翅目 Coleoptera，象甲科 Curculionidae）

　　近距离观察这只象甲，可以看出象甲霜白的体表其实覆盖了一层紧密的鳞片。虽然这个物种还没有被深入研究，不过近期在其他白色甲虫上的发现表明，这种体色是鳞片纳米尺度上的构造对光线的相关作用而形成的。为了能呈现出白色，每个鳞片都长有复杂交织的纤维结构去高效地反射和散射光线。

标本来源：巴西

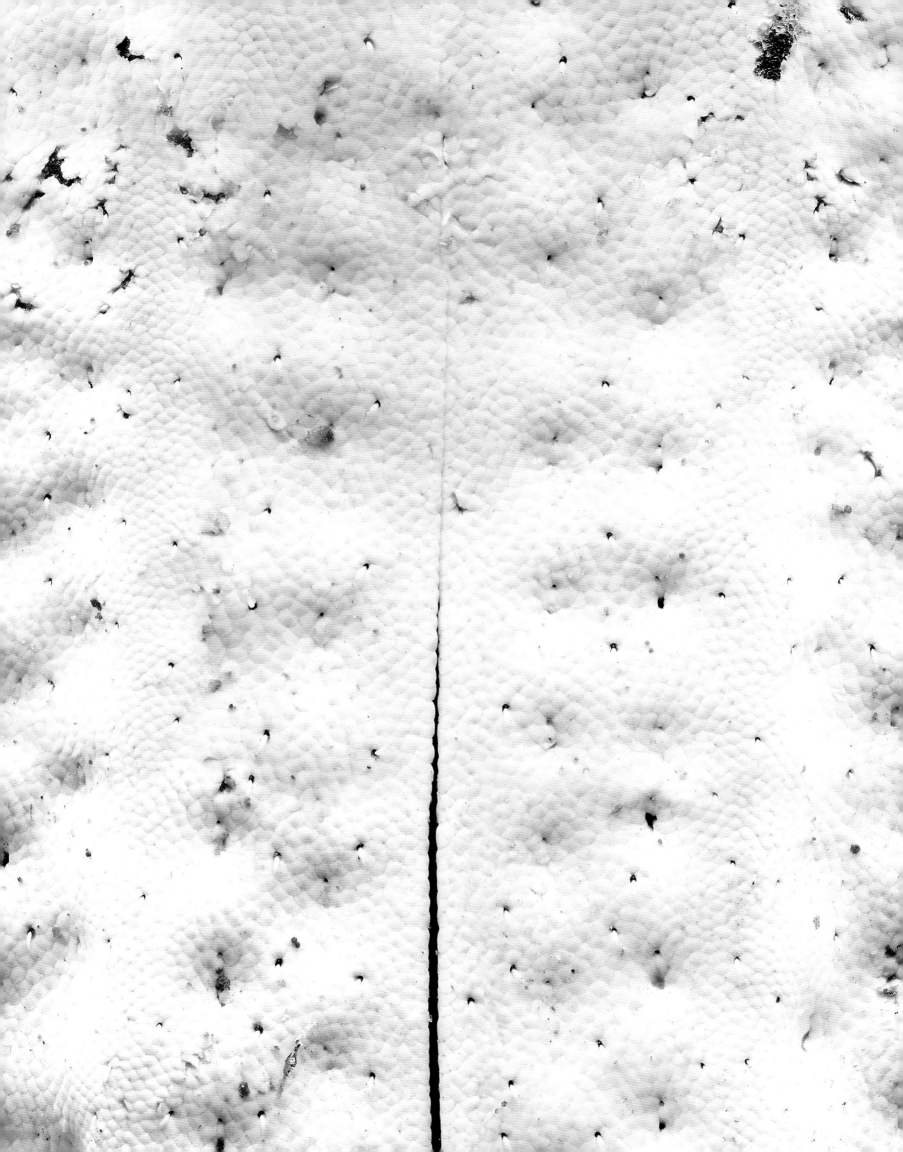

亚马孙身披紫色战衣的圣甲虫

矛角秽蜣螂（*Coprophanaeus lancifer*）

（鞘翅目 Coleoptera，金龟子科 Scarabaeidae）

亚马孙盆地广泛分布着一种个头很大的圣甲虫，每当黄昏时分，它们漆黑的角和幽蓝的身体在暮色中的对比度愈发浓烈，更便于同类之间的识别，此刻这种甲虫也最为活跃。虽然这种圣甲虫属于粪食性的蜣螂，但本物种及其近缘种却以取食其他动物尸体为生。头部前端光滑油亮犹如刀锋般的角突以及锯齿状的前足应该在破开坚硬腐肉时大有助益。

标本来源：秘鲁

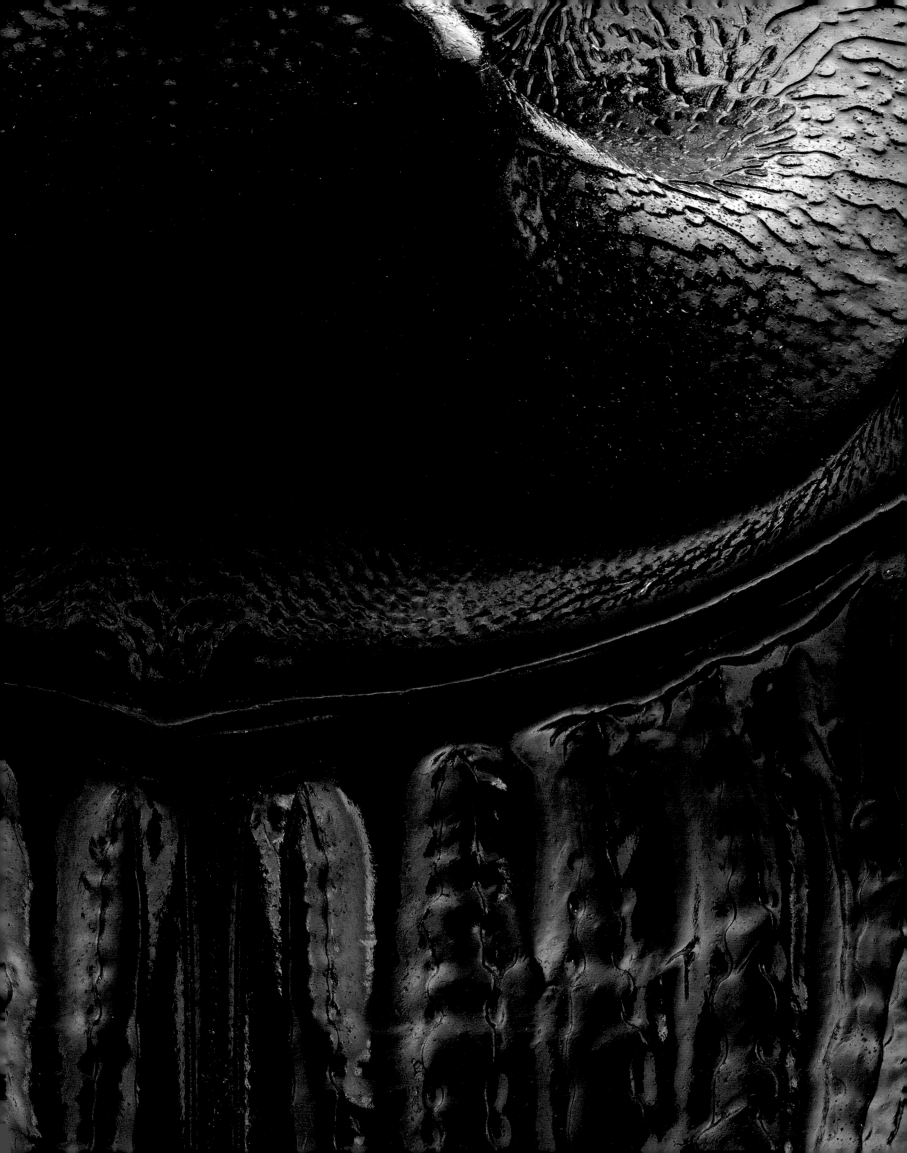

121

斑斓无比的树皮螳螂

华丽金螳（*Metallyticus splendidus*）

（螳螂目 Mantodea，金螳科 Metallyticidae）

    华丽金螳浑身光怪陆离的金属色泽在螳螂中非常罕见，同样另类的是宽扁的前足上还有个匕首般的巨刺。金螳属（*Metallyticus*）在螳螂进化树中的地位尚不明确，不过从其短小体型和其他相关特征来看，应该和一些原始的化石种有些关联。最近来自 DNA 序列研究的结果证实，螳螂是蟑螂的近缘类群。

标本来源：马来西亚

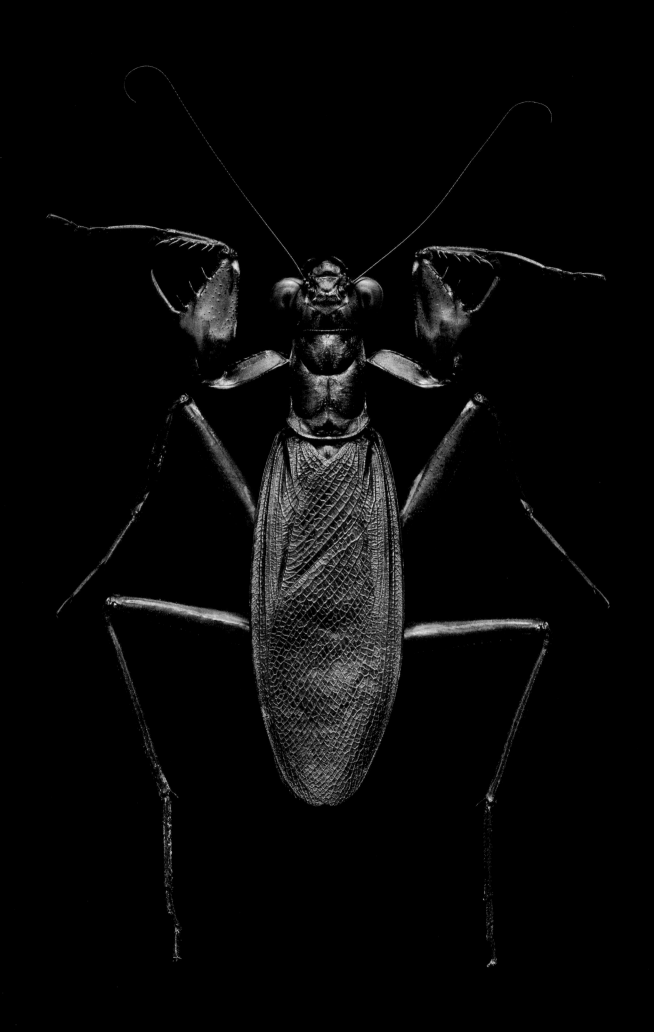

蝽

一种蝽总科（Pentatomoidea）的蝽
（半翅目 Hemiptera）

　　这只蝽是查尔斯·达尔文本人在 1836 年乘小猎犬号航行时采集的。想到这枚标本历尽了岁月的沧桑，曾翻越过无数山海，就让人不禁对其保存状态的完整程度感到惊讶。这只是保存在牛津大学自然史博物馆中由达尔文采集的众多标本中的一员。昆虫馆的创始人，住在牛津的牧师奥普（F.W.Hope）曾是达尔文的良师益友，他们会定期相约去不同的地方采集昆虫。

标本来源：澳大利亚

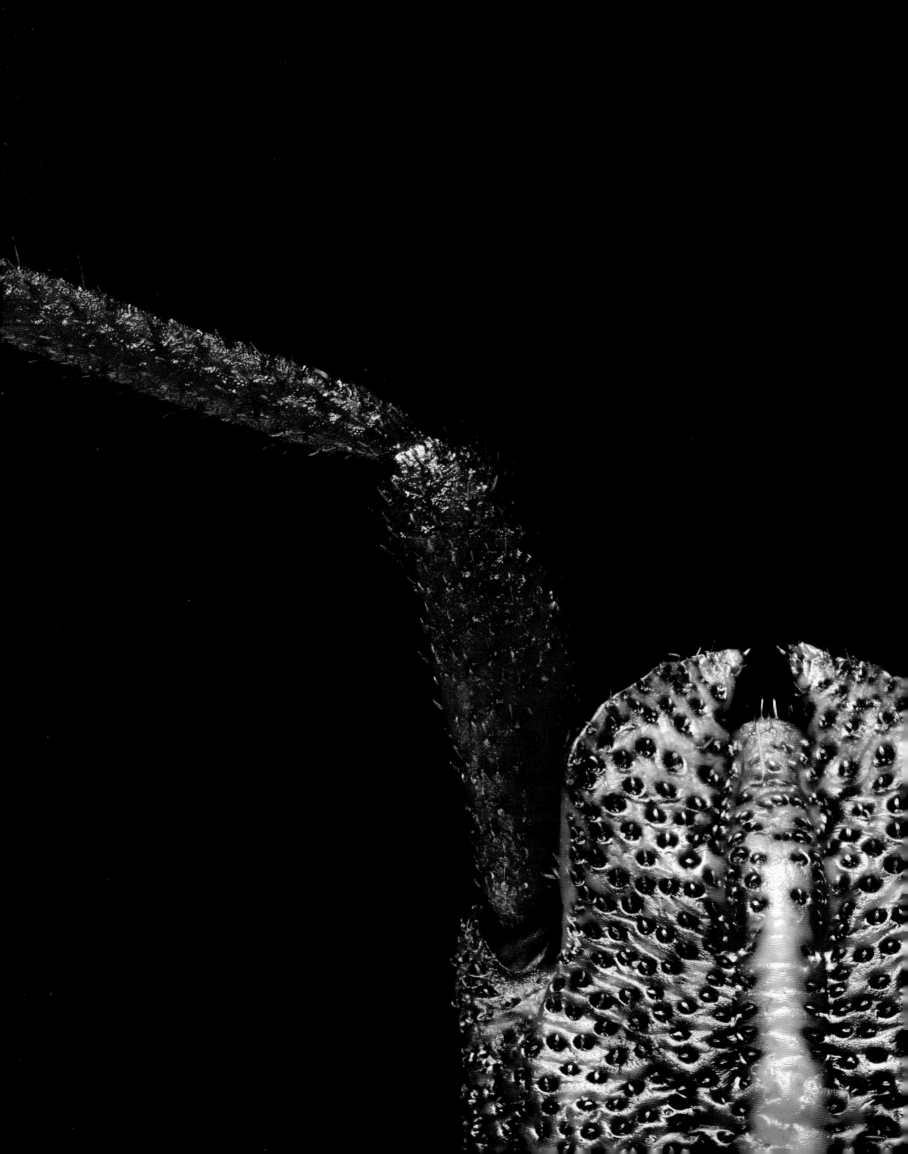

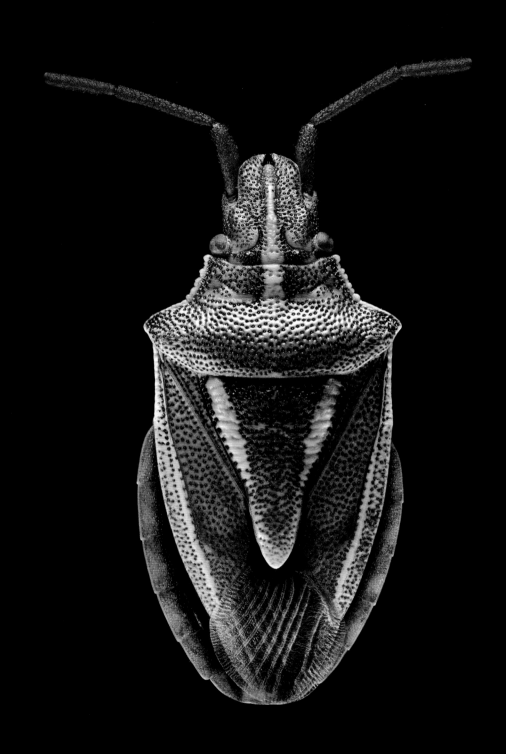

天牛（二）

天牛亚科（*Cerambycinae*）的一种天牛

（鞘翅目 Coleoptera，天牛科 Cerambycidae）

多数天牛体型相对较大，也比较有趣，这使得它们成为备受
欢迎且被研究得较透彻的类群。一些天牛幼虫具有强壮的下颚，
特别擅长钻蛀木头。20 世纪 40 年代，通过研究借鉴这类幼虫的
下颚形状和咀嚼运动方式，人们开发出了一批更高效的伐木链锯，
这是自然科学研究启迪技术革新的一个很好实例。用肉眼去观察
这个物种，可以看到身体表面天鹅绒般的肌理；仔细观察则发现，
这些图案是体表的绒毛以少见的凌乱旋涡状的序列密实地叠压在
一起形成的。

标本来源：肯尼亚

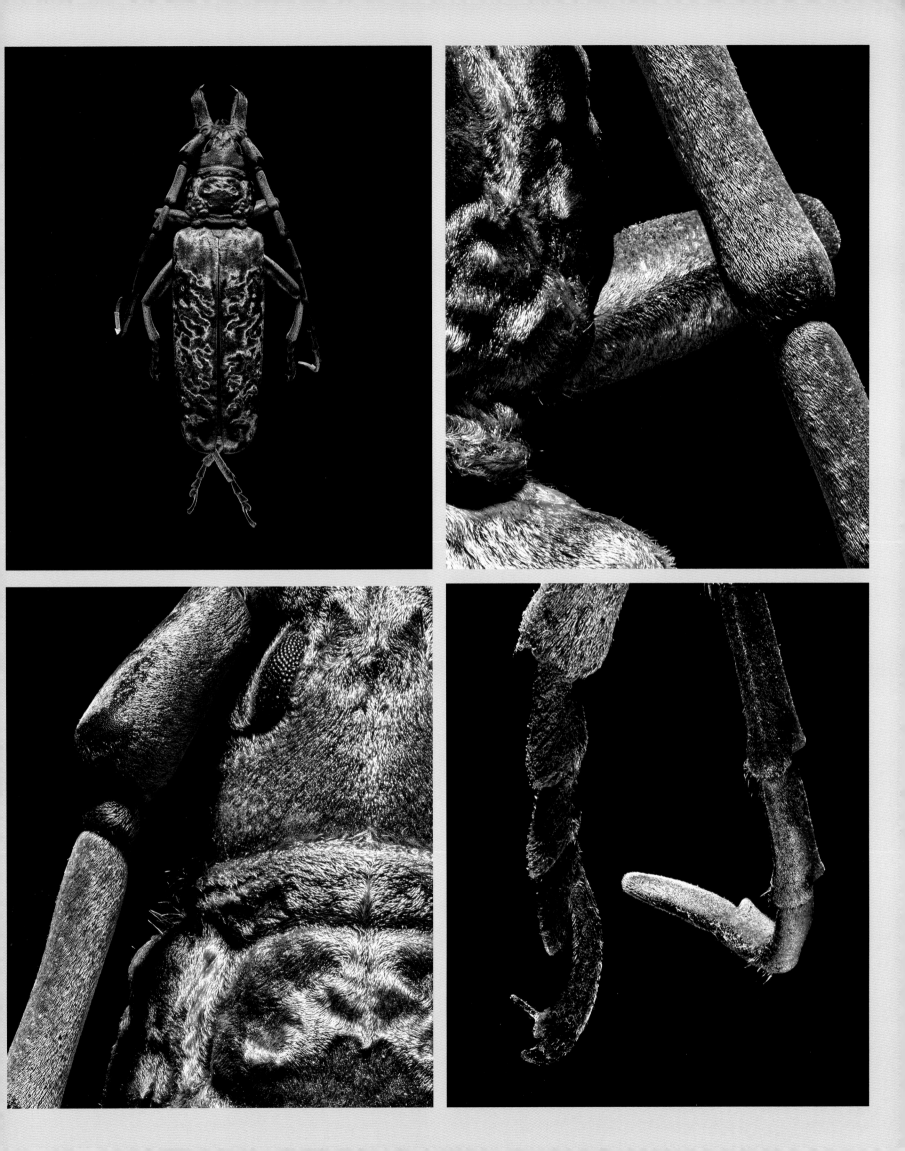

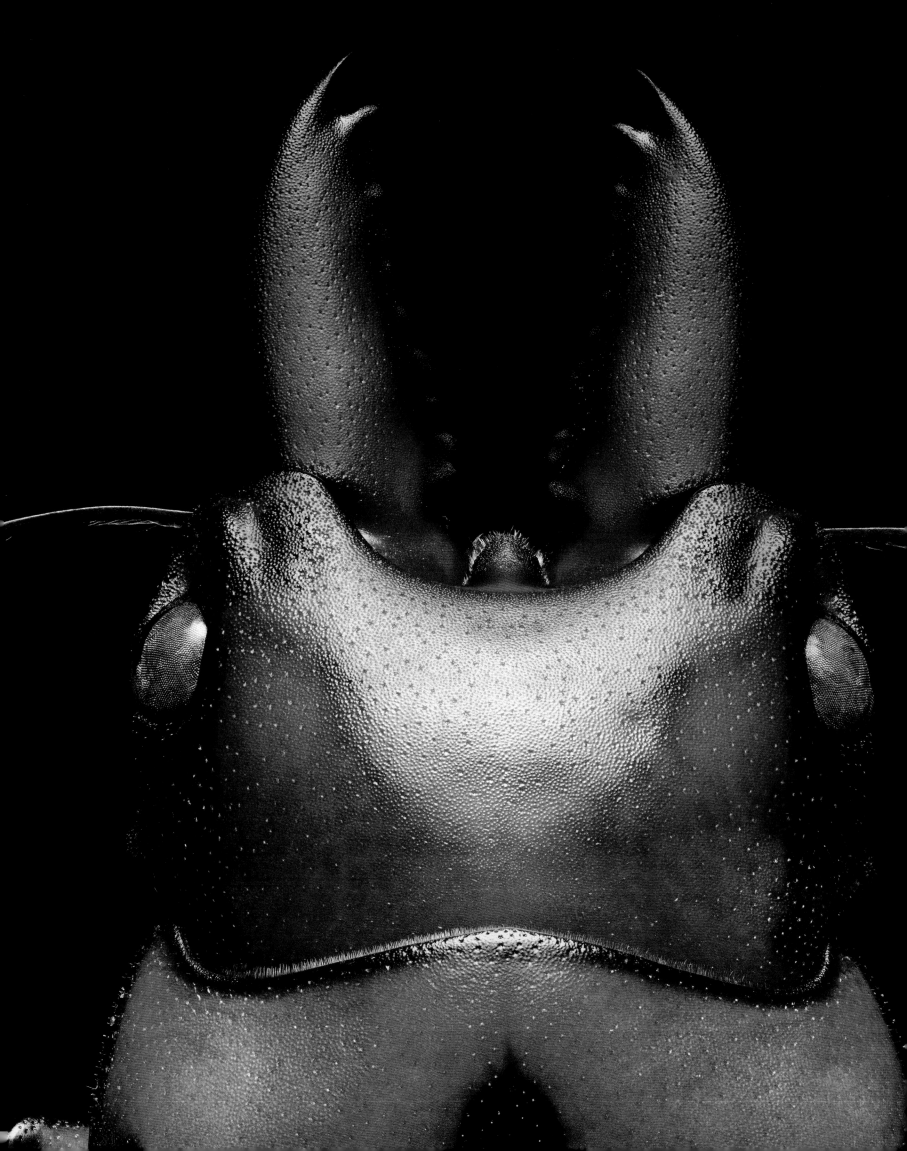

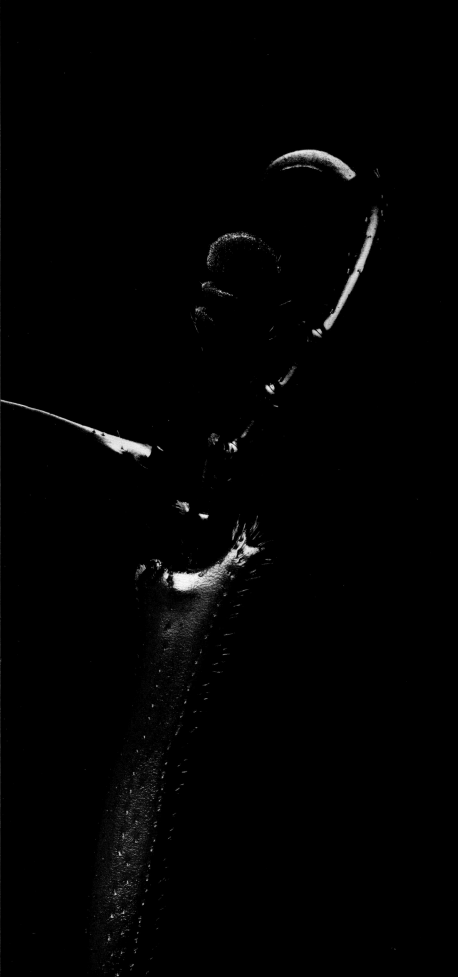

锹甲

锹甲科（Lucanidae）的一种昆虫

（鞘翅目 Coleoptera）

　　锹甲无疑是最有名也是最易识别的一种甲虫。在争夺配偶时，雄性锹甲会举起它们巨大的下颚去钳制对手。成虫的寿命相对来说并不长久，锹甲生命中的大部分时光是以啃食腐木的幼虫状态度过的。这些锹甲和其他蛀干类甲虫可以蠹蚀枯木，加速细菌和真菌的分解过程，在森林生态系统循环中发挥着重要作用。

标本来源：印度尼西亚，苏拉威西岛

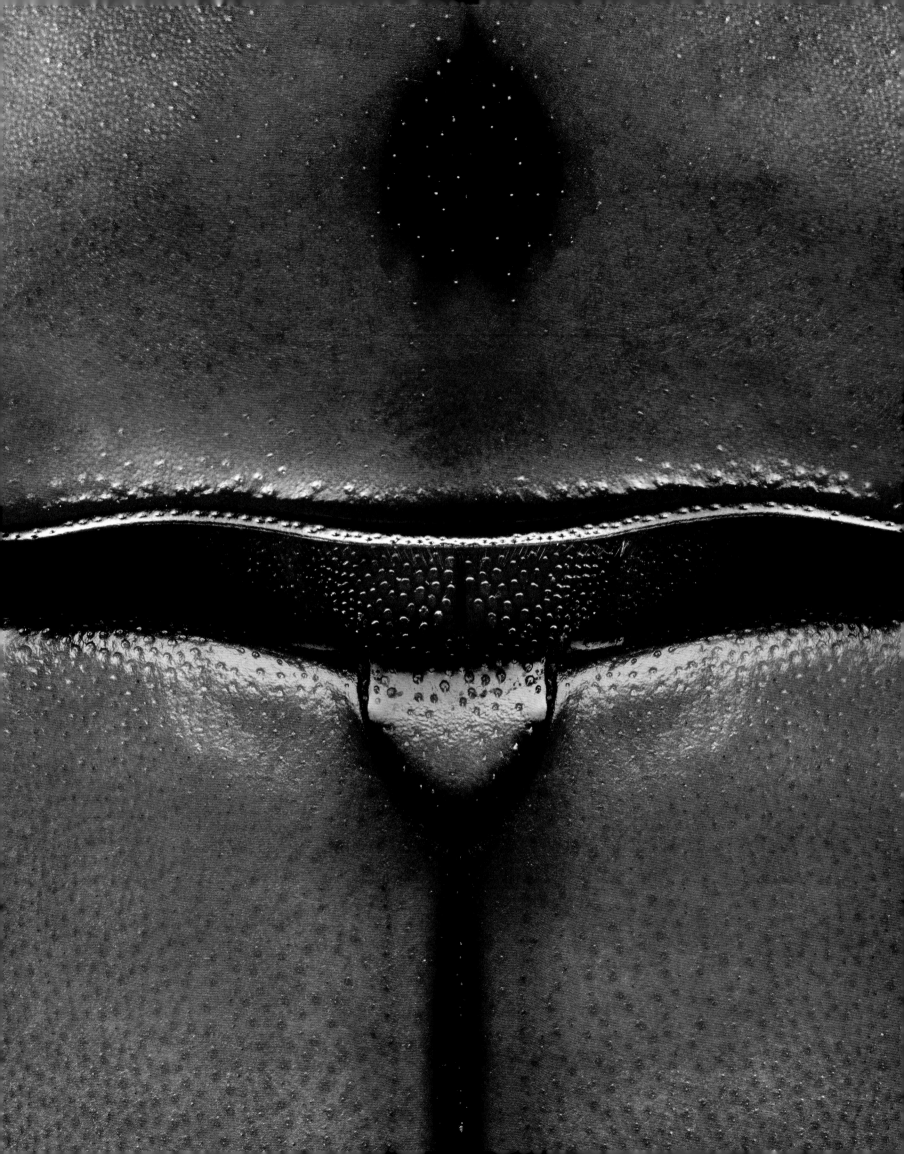

"短鼻子的象甲"（二）

来自粗喙象亚科（Entiminae）的昆虫
（鞘翅目 Coleoptera，象甲科 Curculionidae）

象甲是昆虫中的大家族之一，已被记录的就超过了六万种。毫无疑问，尚有很多象甲不为人所知，特别是在热带雨林里的种类。这只短鼻子象甲生有复杂的体毛和鳞片。在逆光的映射下，足部末端特殊的淡黄短毛熠熠生辉，这些短毛可能有助于这种昆虫攀爬光滑的表面。

标本来源：巴西

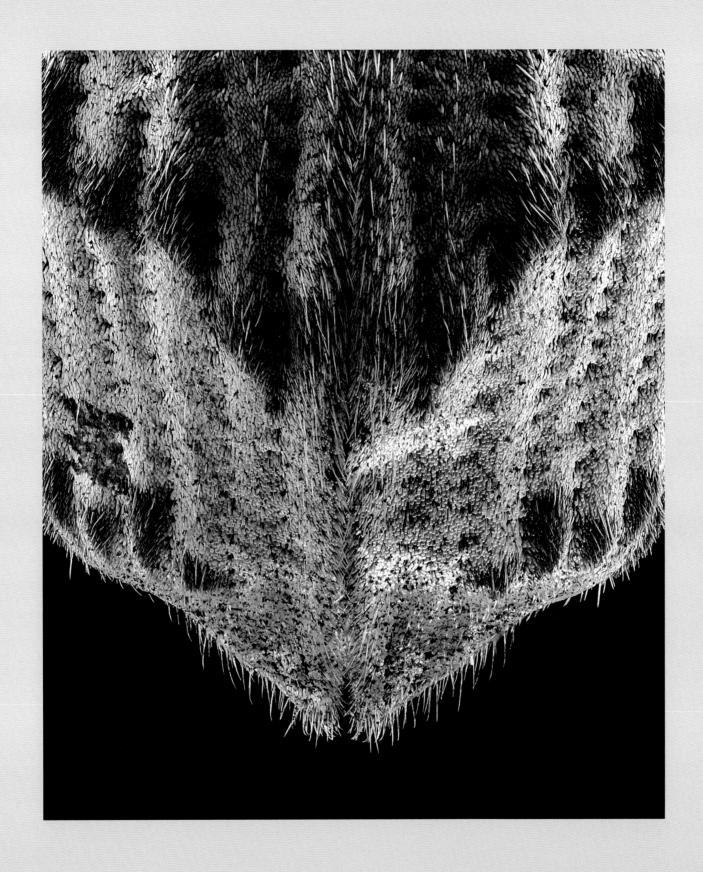

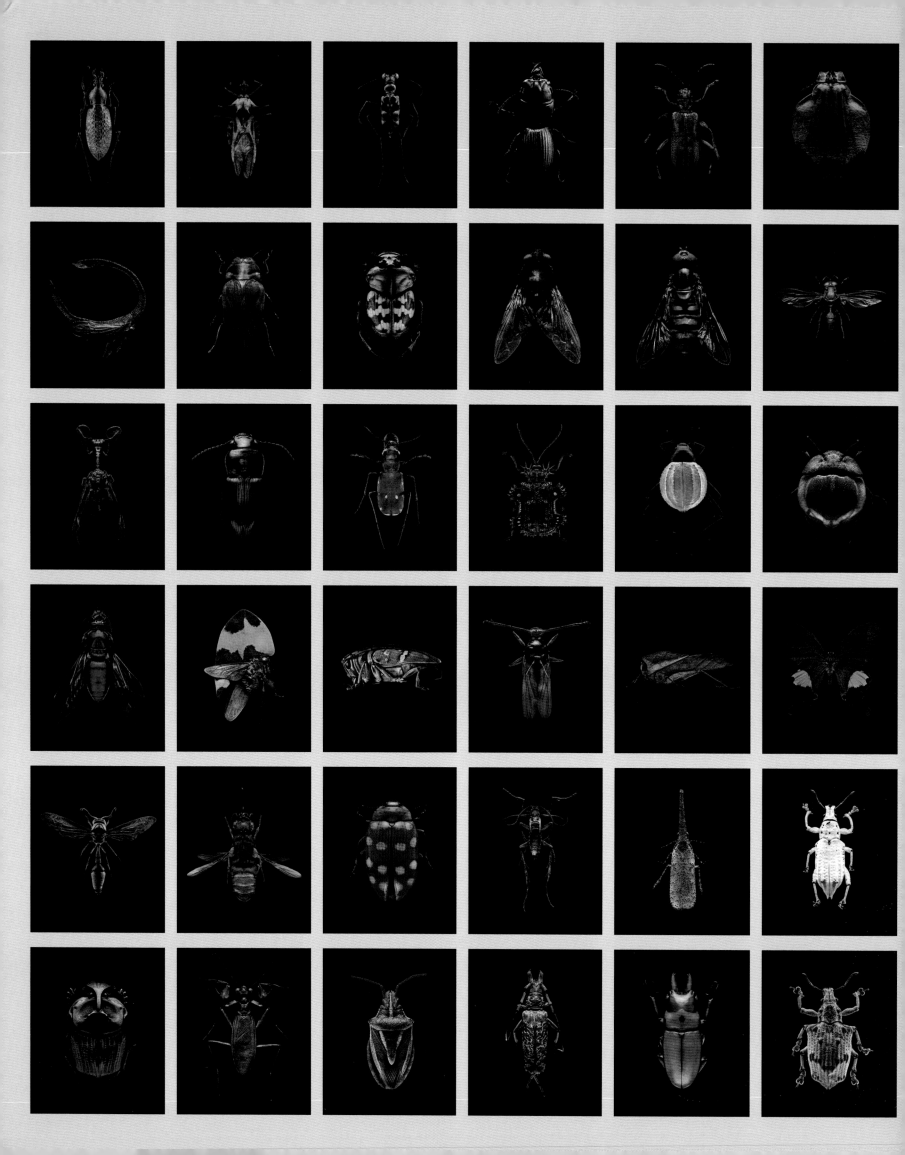

拍摄过程解析

　　我会根据昆虫标本的尺寸划分出大约 30 个局部区域来分别拍摄。为了充分展现每个局部微观结构的别致美感，我在拍摄时使用了不同的布光方式。例如，我会设置一种布光去拍摄一条触角，接下来镜头移动到复眼处，此时闪光灯就需要根据这部分的肌理质感和轮廓结构完全重新设置。这个过程不断重复，直到将标本拍摄完毕。

　　由于显微镜镜头的固有景深很浅，每张单幅照片只能拍到非常微小的一段聚焦区。为了能捕获用于创建全景深图片所需的全部图像信息，我把相机装到了一段电控滑轨上，设定相机在每次拍摄的间隔向前移动 10 微米。这段距离是什么概念呢？要知道人类头发丝的平均直径大约只有 75 微米。就这样，相机缓缓地从昆虫前端移动到后端，生成一个照片文件夹，其中的每张照片记录一层薄薄的焦平面。通过各式各样照片堆栈程序的处理，这组照片最终压缩生成了一幅所有对焦区域都完全清晰的全景深图片。

　　我在昆虫标本各个局部区域都重复了这个过程，当 30 幅局部全景深图片都生成以后，就在 Photoshop 软件中拼接最终图像。从开始到结束，一幅最终图像前前后后的拍摄、处理和调整过程需要花费大约 3 周的时间。

图书在版编目（CIP）数据

牛津大学终极昆虫图鉴 /（英）列文·比斯著；王
建赟译 . -- 南京：江苏凤凰科学技术出版社，2019.9（2024.11重印）
ISBN 978-7-5713-0459-1

Ⅰ . ①牛… Ⅱ . ①列… ②王… Ⅲ . ①昆虫—图集
Ⅳ . ① Q96-64

中国版本图书馆 CIP 数据核字 (2019) 第 144013 号

江苏省版权局著作权合同登记 10-2019-241

牛津大学终极昆虫图鉴

著　　者　［英］列文·比斯（Levon Biss）
译　　者　王建赟
责 任 编 辑　谷建亚　沙玲玲
助 理 编 辑　张　程
责 任 校 对　仲　敏
责 任 监 制　刘文洋

出 版 发 行　江苏凤凰科学技术出版社
出版社地址　南京市湖南路 1 号 A 楼，邮编：210009
出版社网址　http://www.pspress.cn
印　　刷　上海雅昌艺术印刷有限公司
开　　本　635mm×965mm　1/6
印　　张　24
插　　页　4
版　　次　2019 年 9 月第 1 版
印　　次　2024 年 11 月第 9 次印刷
标 准 书 号　ISBN 978-7-5713-0459-1
定　　价　168.00 元（精）

图书如有印装质量问题，可随时向我社印务部调换。

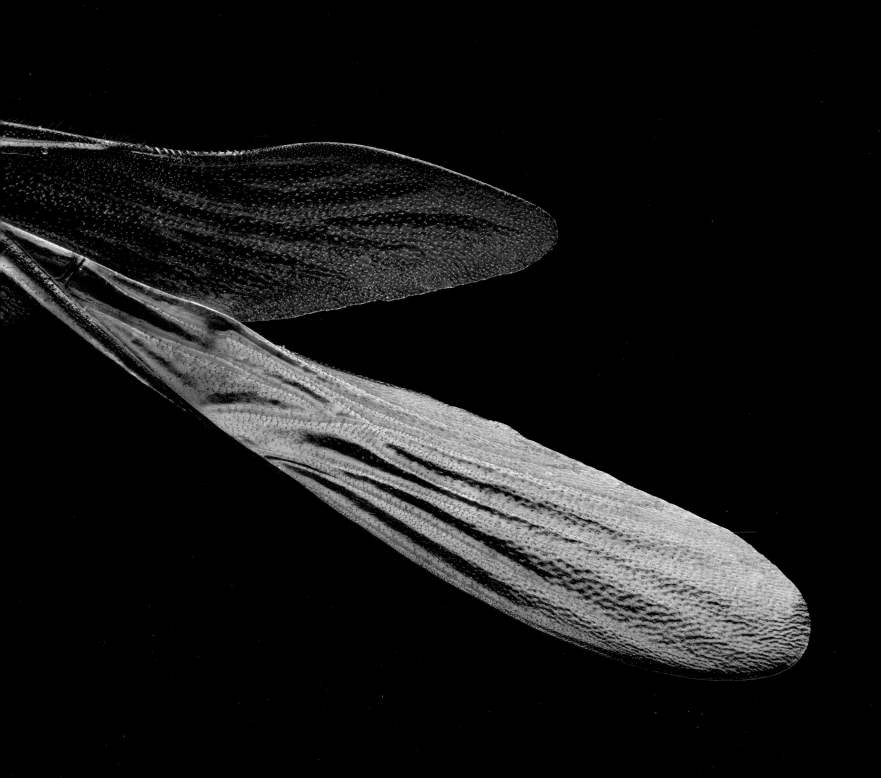